중국 역사 속의 과학 발명

디아스포라(DIASPORA)는 독자 여러분의 책에 관한 아이디어와 원고 투고를 기다리고 있습니다. 디아스포라는 전파과학사의 임프린트로 종교(기독교), 경제·경영서, 일반 문학 등 다양한 장르의 국내 저자와 해외 번역서를 준비하고 있습니다. 출간을 고민하고 계신 분들은 이메일 chonpa2@hanmail.net로 간단한 개요와 취지, 연락처 등을 적어 보내주세요.

# 중국 역사 속의 과학 발명

–
초판 1쇄 발행  1998년 07월 20일
개정 1쇄 발행  2024년 11월 26일

–
**지은이**  치엔웨이창
**편역자**  오일환
**발행인**  손동민
**디자인**  이지혜

–
**펴낸곳**  전파과학사
**출판등록**  1956. 7. 23. 제 10-89호
**주   소**  서울시 서대문구 증가로18, 204호
**전   화**  02-333-8877(8855)
**팩   스**  02-334-8092
**이메일**  chonpa2@hanmail.net
**공식 블로그**  http://blog.naver.com/siencia


ISBN  978-89-7044-687-5 (03400)

# 중국 역사 속의 과학 발명

## 편역자의 말

이 책은 치엔웨이창(錢偉長)의 『我國歷史上的科學發明』(重慶出版社, 1989)을 그림과 사진 등을 보충하고 역주를 새롭게 곁들여 구성한 것이다. 이 책은 농업과학, 수리공사, 수학, 천문학과 역법, 지남침과 지남차, 제지와 인쇄술, 화약, 기계, 건축 등 9개 분야로 나누어 중국 역사의 맥락 속에서 과학 발명을 체계적으로 소개하고 있다. 이 책은 원래 1953년에 중국 청년출판사에서 출간되었으나 1989년에 내용을 수정해 재판된 것이다. 저자는 1912년 강소 무석에서 태어나서 청화대학 물리학과를 졸업한 후 캐나다 토론토대학에서 응용수학 박사학위를 받고 미국으로 건너가 미사일 등의 연구에 참가했다. 이후 청화대학, 북경대학, 연경대학 등의 교수를 거치면서 응용수학과 역학 방면에서 뛰어난 연구업적을 이룩했다. 전국정협부주석, 중국민주동맹 중앙상임위원 겸 부주석을 역임했다.

요즈음 우리나라에서도 과학에 대해 각 분야별로 쉽고 재미있게 구성된 기본적인 서적과 자료들이 출간되고 있다. 그리고 엑스포 이후 각종 과학행사가 개최되면서 과학에 대한 관심이 폭넓게 확대되고 있다. 또한 과학 관련 강좌가 각 대학에서 이미 교양과목이나 과학개론 등으로 설치되어 있을 뿐 아니라 '한국과학문화재단'이나 '과학사학회'도 결성되어 있다. 국내 학자들은 일본이나 미국의 연구 성과 또는 한국 과학사나 과학사상사를 다루고 있으며, 연구 성과도 적지 않다. 그러나 중국학자가 쓴 글은 아직 용어 사용의 어려움과 상이함, 그리고 자료 구독과 해독의 어려움으로 인해 국내에서는 아직 본격적으로 소개되지 못하고 있는 실정이다.

특히 과학에 관한 서적 대다수가 누가 세계 최초로 발명했다거나 그 기원을 밝히는 데 역점을 두고 있다. 따라서 독자들은 이러한 점을 항상 주의하며 면밀한 대조과정을 거쳐 읽어야만 한다. 이 책도 예외가 아니다. 중국인 측면에서 그들의 과학기술의 우월성을 입증하기 위해 지나칠 정도로 중국 위주로 해석된 사료 인용이나 지나친 내용으로 인해 거부감이 들기도 한다. 이는 이 책이 출간될 당시의 중국에서 중화인민공화국이 탄생한 지 불과 몇 년밖에 되지 않았기 때문이다.

따라서 학문적 애국심을 고취하기 위해 중국의 우수하고 풍부한 역사 유산인 과학 발명을 쉽게 설명하고, 선조들의 훌륭한 문명유산을 선전하기 위해 편찬된 면도 있다. 세계 최초의 과학 발명들은 대체로 중국에 그 뿌리를 두고 있고, 그 영향을 받았다고 한다. 그러나 오늘날 중국의 과학기술 발전이 지체된 원인으로 왕권 전제주의 속에서 과학 연구에 대한 지식인들의 외면이나 유학 사상 속에서 과학기술에 대한 사상의 빈곤, 과거제하에서의 과학기술에 대한 지식인의 이탈과 과학교육 부족, 과학 인재 그룹의 형성 부재, 후계자들의 단절 등으로 파악하고 있다.

편역자는 이러한 상황에 따라 이 책에서 사용하고 있는 과학용어를 중국식 표현 그대로 옮기려 했다. 그러나 전문인이 아니면 이해하기 어려울 뿐만 아니라 독자층의 편의 등을 고려해 가능한 범위에서 바꾸었고, 어떤 것은 중국 특성을 나타내기 위해 그대로 두었다. 또한 중국 과학용어를 우리말로 옮기면서, 물론 영어나 일어로 번역된 것을 참고했지만, 적당한 우리말로 대체할 만한 용어가 부족해 어려움을 겪었다.

편역자는 이러한 특성에 따라 중국의 과학 기술적 연구와 과학 발명의 근원에 대해 쉽고 재미있게 구성을 해보자는 의도에서 이 책을 번역하게 되었다. 물론 독자들의 내용 파악을 돕고 자세한 지식을 제공하고자 원서에는 없던 인명에 대한 설명과 그림 등을 대폭 추가했다.

이 책은 청소년, 학생, 교사 및 과학·문화·역사·중국사 연구자, 과학사 교재, 과학기술 관련 연구기관 등 다방면에서 종사하는 사람들이나 일반인이 꼭 읽어 봐야 할 교양 과학 서적이다. 독자들은 이 책을 통해 우리 과학 문명 속에 중국의 영향이 얼마나 차지하고 있는지, 그리고 이를 계기로 중국과 우리 전통과학의 차이점에 대한 새로운 인식과 용어 등 정리의 필요성을 느낄 수 있을 것이다.

끝으로 이 책을 맡아 출판해 주시겠다고 선뜻 응낙해 주신 전파과학사의 손영일 사장님과 편집부, 그리고 중국 천진에 나가 있는 동안 여러 가지 도움을 주신 모든 분들에게 감사를 드린다. 아울러 이 책이 한중과학기술사를 비교 연구할 수 있는 시금석이 되기를 바란다. 역사를 전공하는 본인의 학문적 한계로 인한 서술상의 오류나 부족한 점은 추후 보충할 예정이다. 독자들의 많은 질정을 바란다.

오일환

## − 일러두기 −

1. 서술은 한글 표기를 원칙으로 했다.

2. 동양의 인명과 지명 등 한글 표기

    1) 본래 중국의 지명은 「중국어 표기법」에 따라야 하지만 독자들에게
       혼동을 주지 않으려고 한자음으로 표기했다.
    2) 인명의 경우 대부분이 신해혁명 이전의 인물이므로 한자음으로 표기
       했다.
    3) 중국 이외의 지명과 인명은 현지 발음으로 표기하고 괄호 안에 영문
       자를 부기했다.
    3. 책명은 『    』로 통일했으며, 고유명사 뒤 (   ) 안의 숫자는 연대를
       나타낸다.

4. 인명은 가능한 한 생몰연대를 표기했으며, 서양인의 이름은 모두 영문으
   로 표기했다.

5. 역사적인 고유명사나 기술적인 용어 등 우리말로 대체하기에 부적합한
   용어는 현지 용어를 그대로 사용했다. 이 점 널리 양해해 주기 바란다.

# | 차례 |

# 제1장

# 농업과학

• • •

　수천 년 동안 농업생산을 주요 산업으로 삼아온 오늘날의 중국인들은 광활한 영토와 방대하고 비옥한 토지를 소유하고 있다. 이것은 우연히 이루어진 것이 아니라 중국인들의 부단한 노력과 자연에 대한 오랜 기간의 노력 속에서 얻어진 것이다. 예를 들면 야생식물을 재배해 곡식으로 삼았고, 야생금수나 날짐승을 사육해 가축으로 만들었으며, 홍수와의 싸움을 통해 뜻한 대로 물줄기까지 바꿔 놓았다. 이러한 각종 노력 속에서 수많은 우수한 과학자, 기술자, 발명가가 출현했으며, 이들의 훌륭한 창조와 수많은 경험의 축적으로 생활이 풍요로워졌다.

　또한 일찍부터 벼, 밀, 수수, 조 등의 씨를 뿌리고 심기 시작했다. 은나라 때 이르러 곡물을 재배하는 방법은 이미 상당한 경험 속에 축적되었다. 이때의 파종[1]은 드문드문 행렬을 만드는 '조파법'이었다. 밭이랑과 이랑 사이에 일정한 간격을 만들었던 조파법은 흩어 뿌리던 원시적인 '산파법'을 개량한 것이다. 서주 시대에는 잡초를 없애고, 밭을 깊게 갈았으며, 밭이랑을 넓게 하는 등의 생산방법을 이용했다. 현존하는 『시경(詩經)』[2]의 「소아(小雅)」 편에 이런 사실이 기록되어 있다.

　대체로 서주 시대에 중국인들은 농업생산에서 불리한 자연조건을

---

1 파종의 방식에는 산파법, 조파법, 점파법, 직파법 등이 있다.
2 『시경』: 중국 최초의 시가집으로 총 305편이다. 「풍(風)」, 「아(雅)」, 「송(頌)」 세 부분으로 나뉘어져 있다. 「아」는 105편으로 「대아」와 「소아」 편으로 나뉘어져 있다.

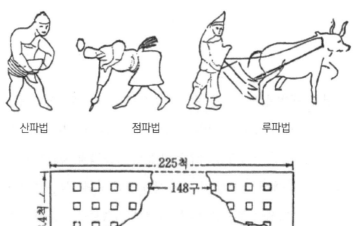

산파법      점파법      루파법

점파구종법

**파종의 여러 방법과 우경도**

극복하기 위해, 매년 경작하는 토지 중 3분의 1을 돌아가면서 쉬게 하는 윤유휴경(輪流休耕)이라는 '삼포제(三圃制)'[3]를 창조했다. 이러한 방법은 이후에 '윤경법(輪耕法)'의 기원이 되었다. 『시경』의 「소아」 편에는 윤경에 관한 기록이 있다. '신전(新田)'은 처음 개간된 밭(혹은 이미 경작한 지 3년이 지난 밭), '치(菑)'는 1년 지난 밭, '여(畬)'는 2년 지난 밭이다. 이런 방법은 농업생산을 한 발자국 더 발전시켰다.

또한 중국인들은 이미 오랜 기간 재배를 통해 농작물의 성능에 대해서도 풍부한 지식을 가지고 있었다. 각종 생물체의 성장 조건이 다른 농사에 이러한 원리를 응용해 재해에 따른 손실을 감소시켰다. 『한서(漢書)』[4]의 「식화지(食貨志)」에는 '곡물을 파종할 때 수수, 피, 삼, 보리, 콩 등 다섯 종류를 섞어서 파종했다'는 기록이 있다. 이는 이들 중 한두 종류가 재해 때문에 수확을 못한다 할지라도 나머지는 재해를 피할 수가 있었다. 이런 방법은 현재에도 사용되는데 농업생산에서 불리한 자연조건을 극복하는 효과적인 방법의 하나가 되었다.

서한 시대에 이르러 범승지(范勝之)[5]와 조과(趙過)라는 우수한 농업 과학자가 새로운 방법을 발명했다. 범승지는 밭을 크고 작은 조그만 구덩이로 나눠 재배하는 '구전법(區田法)'을 제창했다. 파종하는 곳에는 1척(33cm) 깊이의 고랑을 파고 부패한 식물을 비료로 넣어 주었다.

---

3 삼포제: 농경지를 3등분하여 겨울 재배, 여름 재배로 나눠 경작하는 것으로 3등분한 곳 중 한 곳은 1년간 농사를 짓지 않고 방목장 또는 목초지로 한다.

4 『한서』: 동한 시대 반고(班固)가 100권으로 편찬한 책으로 기원전 206년부터 기원후 23년까지 서한 시대의 역사를 기록한 중국 최초의 단대사 역사서이다.

5 범승지: 서한 시대 농학자로 가뭄 극복을 위한 농작물 재배 방법인 구전법을 제창했다.

**그림으로 나타낸 대전법**

조과(趙過)[6]는 '대전법(代田法)'을 시도했다. 대전이란 윤경(輪耕), 즉 돌아가면서 경작하는 것을 말한다. 밭에 넓고 깊게 1척의 고랑을 파서 고랑 속에 각종 곡물을 심고 싹이 나면 성장 속도에 따라 묘목에 흙을 북돋아 주었다. 여름철이 되면 밭고랑에 뿌리가 깊이 박혀 바람과 가뭄을 견딜 수 있었다. 첫해의 고랑은 다음 해에 이랑으로 변하고 첫해의 이랑은 다음 해에 고랑으로 변한다. 이렇게 고랑과 이랑을 서로 바꾸면서 깊게 갈아 경작하는 방법은 토양을 비옥하게 유지시켜 줄 뿐만 아니라 생산량에서도 거의 곱절의 수확을 얻을 수 있었다.

---

6 조과: 서한 시대 농학자로 농사일에 삼각루라는 쟁기를 사용할 것과 대전법을 제창했다.

범승지는 '눈 속에 종자를 두었다가 파종하면 두 배 이상의 수확을 거둘 수 있다'라는 재배 이론 방법을 확산시켰다. 중국의 광대한 농촌 특히 서북 일대에서는 보리를 파종하는 데 아직도 이 방법을 사용하고 있다.

태행산(太行山) 지구의 섭현(涉縣), 무안(武安), 휘현(輝縣), 임현(林縣) 등지에서는 동짓날 이후 파종하기 전에 종자를 눈 녹인 물과 섞어 49일간이나 담가두는데 이를 '칠칠소맥(七七小麥)'이라 부른다. 다른 지역에서는 동짓날에 소맥을 우물 속에 7일간씩 모두 아홉 차례를 집어넣는데 이를 '칠구소맥(七九小麥)'이라 불렀다. 북경 부근 일대에서는 겨울철에 소맥을 파종하는데 이를 '동황(凍黃)'이라 했으며, 동지 후에 종자를 파종하고 눈으로 덮는 것을 '민맥(悶麥)'이라 했다. 이러한 여러 가지 '최청(催靑)'[7]은 중국인들이 탁월하게 창조해 낸 농업생산방법이다.

근대 농업과학자들의 '춘화작용(春化作用)'[8] 이론은 사람들의 폭넓은 관심을 불러일으켰다. '춘화법(春化法)'은 바깥의 조건, 특히 온도를 이용해 생물의 발육 단계를 조절하는 것인데, 일정한 방향으로 생물이 성장하도록 하는 것이다.

춘화법과 비슷한 방법을 고대에는 '최청'이라고 불렀다. 이 방법은 가장 먼저 오곡의 파종에 이용되었고 후에 점차로 채소 및 기타 농작물

---

7 최청: 약물을 사용해 일정 시간 안에 일시적으로 온도, 습도와 광선을 조절해 고르게 발아하도록 하는 성장 촉진 처리의 하나이다.

8 춘화작용(vernalization): 소련(현 러시아)의 루이센코(T. D. Lysenko)가 연구한 식물의 영양 생장은 품종의 유전적인 성질과 이것이 길러질 때의 외적 환경의 여러 조건에 의해 결정된다는 저온처리 방법을 말한다.

에까지 확산되었다. 이로 인해 병충해와 극심한 추위에 대한 저항력이 증가되었다. 태행산 지구의 겨울을 지낸 8쪽 마늘[주동팔표산(住冬八瓢蒜)]이나 섬서 북부의 '민곡(閟谷)' 등은 최청 기술을 통해 품질이 향상된 것이다. 최청은 농작물에만 국한되지 않고 동물의 각종 부화에도 이용되어 '누에내기 최청'도 있다. 이런 천재적인 고대의 농사법은 모두 농민의 지혜에서 나온 것이고, 이러한 창조로 농민들은 농업생산의 어려움과 고난 속에서 대자연을 극복했다.

누에치기도 일찍부터 시작되었다. 산서성 서음촌(山西省西陰村)에서 발굴된 신석기 시대 유물 속에서 반쪽의 누에고치 화석이 나왔다. 『시경』에도 누에와 뽕나무에 대해 기록되어 있다. 화북 지방 일대에서는 적어도 3,000년 전에 누에치기가 비교적 보편적으로 이루어졌다. 그러나 강남 일대에서는 한나라 때에 이르러서야 누에치기와 모시삼의 이용방법이 보급되었다. 남북조 시대 이후 중원 지역은 빈번한 패권 다툼으로 인해 뽕나무밭 또한 모두 파괴되었지만 강남 지역은 잠상사업이 주요 수입원으로 되었다.

고대 화북 등지의 뽕나무 종류는 대체로 꾸지뽕나무, 비술나무, 산유자나무 등이었다. 누에 종류도 지금의 강남 지역에서 보는 것과는 커다란 차이가 있었다. 동한 시대의 자충(茨充), 왕경(王景) 등이 뽕나무를 이식하고 누에를 개량하고 나서야 비로소 강남 지역에서 오늘날과 같은 성과를 얻게 되었다. 현재에도 요동, 요서, 산동, 사천 각처의 구릉지대에서는 고대의 산유자나무 누에치기를 주요 부업으로 삼고 있다.

삼황오제(三皇五帝)[9]의 한 사람인 황제(黃帝)의 부인으로 양잠술을 발명했다는 전설상의 누저(嫘姐)는 많은 신화를 만들어 냈으며, 이로 인해 사람들은 누저에 대해 존경심과 경외심을 가졌다. 이러한 관심 속에서 양잠술이 발전하게 되었고, 결국 중세기 이전에 양잠술은 유럽으로 전해지게 되었다.

또한 일찍부터 농업을 시작한 농민들은 야생의 콩 종류를 재배해 일상적인 음식물로 만들었다. 더 나아가 콩즙을 경화한 두부 등의 식품을 만들어 음식물을 통해 영양 섭취를 증가시켰고, 콩 종류를 발효시켜 간장과 된장을 만들어 냈다. 이러한 식품공업의 발명과 창조는 일상생활의 질을 풍요롭게 만들었다.

중국 채소의 종류는 세계의 어떤 국가나 도시와도 비교할 수 없이 많다. 채소 중에서 배추가 가장 보편적이라고 할 수 있다. 배추를 옛날에는 '송(菘)'이라고 불렀는데 중국에서 가장 일찍 재배되었고 파종 효과 또한 가장 우수했다. 천진 녹배추, 산동 교채, 요동 태옥심 배추, 절강 황아채, 항주 유동아, 제남 유동채, 남경 표아채, 상주 오탑채, 산동 태채 등이 있는데 이들은 모두 배추의 변종이거나 아변종이다. 이런 유명한 품종들은 모두 오랜 기간 동안 농민의 노력과 재배를 거친 우량 품종들이다.

---

9 삼황오제: 이에 관한 기록은 통일되어 있지 않지만 대체적으로 삼황은 불을 발명한 수인씨, 사냥의 기술을 창안한 복희씨, 농경을 발명한 신농씨를 일컫는다. 오제는 무력으로 중국을 최초로 통일하고 문자·역법·궁실·의복·화폐·수레 등의 문물제도를 창안했다. 중국 문명의 창시자로 알려진 황제·전욱·제곡·요·순을 말한다.

이 밖에도 시금치, 오이, 명가지, 부추, 개미나리 등의 소채 식물과 자두나무, 야생포도, 대추 등의 과실류 식물, 뽕나무, 삼나무, 옻나무, 오동나무 등의 공예 식물 재배 또한 모두 중국인의 장기간 노력 속에서 얻은 성과들이다.

재배법의 끊임없는 개량으로 인해 식물 본래의 형태도 변화되어 신품종이 생산되었다. 간단한 육류, 어류, 밀과 약간의 채소를 위주로 한 서구 각국의 음식물과 매우 풍부한 식품 종류를 가진 중국의 음식물을 비교해 볼 때 중국인들은 조상들에 대해 자부심을 가져도 좋을 것이다. 이러한 신농(神農), 복희(伏羲), 누저(嫘姐) 등 최초의 농업 조상이 출현한 것은 4,000~5,000년 이전이다. 그러나 이들은 단지 일개 씨족을 대표하는 상징적인 이름으로 머물렀다.

중국 최초로 범승지가 지었다는 농사과학 저서 『범승지서(范勝之書)』[10]는 애석하게도 없어져 버렸다. 그러나 후대에 지어진 농학 서적 속에서 이 책의 내용을 찾아볼 수 있다. 인용된 글을 통해 보면 범승지는 서한 시대의 위대한 농업과학자이며 실천가였다. 현재 최초로 완전히 보존된 농서는 후위 시대 가사협(賈思勰)[11]이 533~544년에 저술한 『제민요술(齊民要術)』이다. 이 책은 12만여 자이며 10권 92편으로 구성되어 있다. 책의 내용은 각종 농작물, 채소, 과수, 대나무 등을 과학적

---

10 『범승지서』: 한나라의 범승지가 지은 2권 18편의 농사과학서였으나 송나라 때 없어져 버렸다. 이후 『제민요술』 등에서 약 3,000여 자가 발견되었다.

11 가사협: 6세기경의 사람. 현존하는 최고(最古)의 종합적인 중국의 농업 서적인 『제민요술』의 저자. 그의 생애에 관해서는 자세히 알려져 있지 않고 다만 북위 때 고양군(지금의 산동성)의 태수(太守)였던 사실만 알려져 있다.

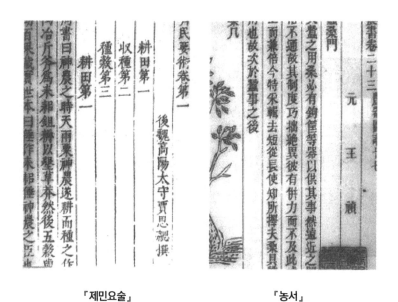

「제민요술」 　　　　　　　　「농서」

으로 분류하고 그 재배법을 논술하고 있다. 또한 가축, 가금(家禽)의 사육, 농산품의 가공과 양조, 저장과 부업 등에 대해서도 설명하고 있다. 이 책은 비교적 체계적으로 6세기 이전과 그 당시 황하 중·하류 지역 사람들의 농업생산 경험을 총집약했을 뿐만 아니라 다른 민족의 농업 경험의 요점도 기록했다. 가뭄 농지구의 경작과 곡물 재배법부터 과수 접붙이기 기술, 가축·가금의 거세 사육과 여러 종의 농산품 가공 경험, 토지 이용 및 돌려짓기(윤작), 촘촘히 심어 가꾸는 정경세작(精耕細作), 종자 선별, 토지의 습기 유지를 위한 가뭄 예방 등의 견해에 이르기까지 다양했다. 이는 당시 중국 농업이 이미 상당한 수준에까지 도달했음을 보여주는 것이다.

원나라 지정(至正) 10년(1273) 사농사(司農司)에서 편집한 『농상집요(農桑輯要)』는 고대부터 원나라에 이르기까지 방대한 분량의 농서를 편집한 것이다. 이들 중 적지 않은 부분이 없어졌지만 농서의 귀중한 자료로 보존되어 있다. 이 책에서는 작물 재배, 가축, 가금, 양잠, 양봉의 사육 등을 설명하고 있으며, 특히 면화와 저마는 풍토에 따라 재배가 제한되지 않는다고 했다. 같은 시기에 왕정(王禎)[12]이 지은 『농서(農書)』(37권)에서도 면, 마 등 경제작물을 심을 것과 농기구의 개량을 제창하고 있다.

명나라 말기 서광계(徐光啓, 1562~1633)의 『농정전서(農政全書)』 또한 우수한 농학 저술이다. 명나라 천계(天啓) 원년(1621)에 서광계는 북경을 떠나 상해로 돌아온 후 자기 밭에서 농업의 과학적 연구를 시작했다. 여러 해 동안 연구한 끝에 1628년 연구정리를 마쳤지만 출판하지 못했다. 그가 죽은 지 6년 후에 이르러 진자룡(陳子龍)이 정리하고 수정해 숭정(崇禎) 12년(1639)에 비로소 세상에 간행되었다.

『농정전서』는 60권 12부문의 50여만 자에 걸친 방대한 저술이다. 역사적으로 농업생산, 농업정책과 관련 있는 옛날 서적 경사전고(經史典故)와 여러 사람의 의론(議論)을 소개했다. 서광계는 고대의 토지제도와 농학자들의 토지제도에 대해 자기 나름대로의 의견을 서술했다. 이는

---

12 왕정: 원나라 때의 저명한 농학자로 『농서』를 저술했고, 인쇄기술자였다. 특히 목활자와 회전식 활자 분배판을 발명했고, 활자 인쇄술에 대해 중국 최초로 상세하게 설명했다.

『농정전서』

구체적으로 명나라의 농업, 임업, 목축업, 부업(副業), 어업 등 여러 가지 경영의 상황을 반영한 것이다. 내용은 토지 이용, 각종 경작 방법, 농전 수리, 농사기구, 농사철, 개간, 재배총론(나무 가꾸기, 누에치기, 가축 기르기, 물고기 기르기, 꿀벌 치기, 집짓기, 가정 일용기술 등)을 포괄하고 있다. 또한 흉년에 백성을 구하는 정치인 황정(荒政)에 대해 서술했는데, 역대 구황(救荒)정책과 조치를 상세하게 고찰했다.

이 책에서 가장 뛰어난 것은 수리(水利)와 황정 두 부문이다. 서광계는 재해를 예방하고 농업생산을 증대시키며 황폐화에 대비하는 것만이 농촌 생활을 안정시키는 것으로 인식해 시급히 이 문제를 해결하고자

했다. 또 그는 천진에서 둔전(屯田)과 시험 전의 실험에 참가했다. 그는 흉년이 드는 시기인 황년(荒年)은 야생식물로 해결이 가능하다고 하면서 책 속에 400여 종의 야생식물을 직접 실험하여 밝혔다.

그는 수시로 지방에 내려가 농민의 경험을 채집하고 탐방하여 기록했다. 면화의 파종과 저마에 관한 글은 모두 경험이 많고 노련한 농군이나 채소 농군 등의 재배방식을 바탕으로 기록했다. 또한 옛사람들의 성과를 존중하고 자료를 귀중하게 여겨 수백 가지의 문헌을 인용했다. 따라서 고대 농서의 우수함을 집합시켰으므로 이 시대의 중국 농업과학 유산의 총집결체라고 말할 수 있다.

그는 더 나아가 이미 알고 있는 자료를 분석 진행하는 과학적 방법을 이용했다. 또한 자연의 법칙을 찾으려고 발전의 변화를 인식했는데 이것은 이전의 농학자들에게서는 찾아볼 수 없었다. 그는 춘추 시대부터 명나라 만력(萬曆) 시대 이전까지 메뚜기(누리[蝗])가 끼친 재해 역사를 기록하고 분석했는데, 메뚜기의 피해는 여름과 가을 사이에 많다는 것을 발견했다.

서광계는 위대한 과학자로 『농정전서』는 농업생산의 경험을 모두 기술한 것이다. 또한 국가정책의 수준과 전국 혹은 커다란 지역 범위의 간척과 농전 수리, 재해 예방의 방법까지도 연구했다.

그는 계통적으로 개간, 수리, 개황(開荒) 등 정책 조치와 농업의 관계를 기술했는데 이 또한 앞 시대 사람들에게서는 찾아볼 수 없는 공적이다. 그는 북방에서도 수리사업을 일으키고, 황무지를 개간할 필요가 있다고 주장했다. 이렇게 하여 남북 경제의 불균등한 문제를 해결하려 했고 '무릇 물을 얻을 수 있는 땅은 모든 경작이 가능하다'라는 관점을 분명하게 제시했다.

서광계는 당시의 정치, 경제, 군사 형세를 근거로 북방의 개발을 주장했다. 특히 북경, 천진 지구의 둔병(屯兵)과 황무지 개간을 주장했다. 『농정전서』가 완성된 시기는 명왕조가 멸망된 지 불과 10여 년밖에 안되었는데 이것은 대단한 전략사상이었다.

『농상집요』의 간행은 5, 6년 후『제민요술』의 밑바탕이 되었다. 이 책에 기술된 지리적 범위는 황하 중·하류 지역으로 수년 동안 전란을 겪으면서 생산이 뒤떨어지고 인구가 급격히 줄어든 지역이었다.

탁발씨(拓跋氏)가 세운 위(魏)나라는 170년간 적극적으로 농사를 권장하고 양잠을 부과하는 권농과상(勸農課桑) 정책을 진행시켜 농업생산을 증대시키고 발전시켜 북방을 통일했다. 따라서 『제민요술』은 이러한 조치와 성과의 결과물이었다. 이후 몇 세기 동안의 농업 발전에 대해 기술했고 기초적인 이론을 제공했다. 그리고 『농정전서』에 이르러 농업 이론이 더욱 깊고 원대하게 진척되었으며, 농업 발전에 탁월한 견해를 제시했다.

제2장

수리공사

    중국은 수많은 인구와 인구 증가에 따른 식량난을 해결하기 위해 관전을 적극적으로 개발했다. 그리고 중국인들은 농업생산의 수확을 안정적으로 보장받기 위해 일찍부터 수리공사를 중요한 문제로 다루게 되었다.

    일찍이 홍수를 막으려는 중국인들의 노력은 주로 황하를 다스리는 데에 집중되었다. 또한 많은 관개시설과 대규모의 운하 건설을 통한 조운(漕運)으로 교통이 원활하게 되었다. 이런 위대한 공사와 건설 속에서 수많은 우수한 기술자들이 나타났고, 풍부한 과학적 경험이 축적되었다.

    고대 전설 속의 요(堯)·순(舜)·우(禹) 시대[1]의 우라는 왕은 훌륭한 수리 기술자였다. 당시의 황하 화북 구간은 현재와 같은 물길이 아니었다. 황하는 카르취(카르는 구리색을 뜻한다)를 기점으로 청해성(青海省) 바얀크라산맥의 카츠카야 산기슭에서 발원하는데 황하의 총길이는 5,464km이다. 황하는 곤륜산(昆侖山)에서 여러 갈래의 물줄기로 동쪽으로 흐르다 중류와 하류 지역에 이르면 끝없는 물 천지를 만들어 놓았다. 이 때문에 지세가 높은 땅과 산봉우리들은 마치 물 위에 뜬 섬처럼

---

1 요·순·우 시대: 요·순은 삼황오제 전설 속의 인물이다. 홍수가 범람하자 우가 13년 동안 치수 사업에 헌신적인 노력을 기울여 홍수 걱정을 한꺼번에 제거했다. 이에 순임금이 우의 공적을 인정해 제위를 물려주었다. 이를 '선양(禪讓)'이라고 일컫는다. 요순 시대는 선정(善政)을 행하고 제위도 현자(賢者)를 발탁해 양위했으므로 역대 제왕들에게 모범적이고 가장 이상적인 시대로 인식되었다.

보였다. 이러한 자연의 위협 속에서 중국인들은 의연하게 대처하고 대규모의 치수 사업을 벌였으며 자연을 극복하고자 노력했다.

우는 원래 기원전 22세기경에 하후씨(夏后氏) 부락의 지도자였다. 그는 아버지 곤(鯀)이 제방을 막아 물을 다스리려다가 실패했던 교훈을 되살려 '물은 낮은 곳으로 흐른다'라는 특성에 따라 강줄기를 뚫고 도랑을 수리했다. 이후 그는 13년 동안 백성들과 함께 화북평원에서 아홉 갈래의 강줄기를 돌려 바다로 흐르게 했다. 이에 공자는 우를 '물을 다스리는 데 한평생을 바쳤다'라고 평가했다.

황하는 높은 곳에서 낮은 곳으로 흘렀기 때문에 물결의 세찬 충돌력으로 인한 침식작용이 강했다. 그렇지만 오랜 세월 동안 황하 입구는 흙모래로 막히지 않고 원활했다.

이는 우가 중국 역사에서 처음으로 사람의 힘으로 황하를 바다로 흐르도록 연결하는 대단한 공사를 했기 때문이다. 우가 치수한 이후의 황하 물길은 거의 1,600년 동안 별다른 변화가 없었다. 우의 치수 사업은 화북 지역으로 파급되었다.

전설에 따르면 우는 13년 동안 세 번이나 자기 집 앞을 지나면서도 한 번도 집에 들르지 않았다고 한다. 우에 관한 전설을 증명할 충분한 고고학적 증거가 없다 할지라도 그의 사적은 진나라와 한나라의 고적에서 중요한 위치를 차지하고 있다. 그의 사업은 당시 사람들로 하여금 홍수의 피해로 인한 근심에서 벗어나게 했고, 농업생산을 크게 촉진시켰다. 이로 인해 후세 사람들은 고대 수리시설을 모두 우의 공로로 돌

렸으며, 우는 불후의 공적과 함께 존경을 받았다.

우의 치수 사업은 극심한 홍수피해를 극복했으며 중국 사람들이 살아가는 토대를 마련했다. 그러나 황하는 상류에서 대량의 모래를 싣고 내려왔다. 하류 지역 사람들은 황하의 물로 논밭을 관개하고 도랑을 파서 수상 통행을 하게 되었다. 그렇지만 상류의 세찬 물결도 하류에 다다르면 완만하게 흐르게 되어 바다 어귀에 점차 흙이 쌓이게 되었고, 이 때문에 황하는 장마와 함께 수시로 범람했다.

이러한 상황에서 왕망(王莽, 기원전 45~기원후 23)[2]이 창건한 신나라(新, 9~22) 시기에 이르러 장안(長安)의 관개 기술자인 장융(張戎)은 물의 흐름 속도와 모래가 쌓이는 관계를 과학적으로 파악했다. 그는 '물은 낮은 곳으로 흐르며 특성상 흐르는 속도가 빠르면 침식력도 커진다. 따라서 강바닥이 점점 깊이 패일수록 물의 피해도 적어진다. 황하는 모래를 많이 함유하고 있는데 물 한 말에 진흙이 여섯 되나 된다. 이로 인해 지금처럼 황하와 위수로 논밭을 관개한다면 물의 흐름은 느려지고 모래가 강바닥에 쌓이게 된다. 따라서 물이 불어나면 곧 범람하게 되는 것이다. 그리고 제방을 막게 되면 모래가 쌓여 강바닥이 지면보다 높아져 아주 위험해지기 때문에 황하로 논밭을 관개하지 못하도록 막아야만 강물의 흐름이 거침없이 흐르게 되고 자연스럽게 수해를 방지할 수 있다'라고 말했다. 장융의 논리는 매우 실제적이었다.

---

2 왕망: 서한과 동한 시대 사이에 신나라를 건국해, 토지·노비·물가·화폐 등 방면에서 개혁을 시행했으나 실패했다. 적미의 난으로 멸망했다.

그 후 유명한 수리 기술자인 왕경(王景, 1세기)[3], 가로(賈魯, 1297~1353)[4], 반계훈(潘季馴, 1521~1595)[5], 근보(勤輔, 1633~1692)[6] 등이 장용의 이론을 치수의 기본원칙으로 삼았다. 그들은 이 원칙에 근거해 '제방을 쌓아 물을 한곳으로 몰아 물의 힘으로 흙모래를 막아 내는' 치수 방법을 이용했다. 수많은 수리 기술자들은 이러한 원칙을 시행하면서 공사의 어려움을 극복했고, 위대한 수리 제방을 많이 건설했다.

가로는 원나라 지정 11년(1351)에 공부상서(工部尙書)로 있으면서 치수 사업의 책임자로 현지 조사를 진행한 후 물길을 소통시키고 침식된 흙을 파내고 막는 것을 동시에 활용했다. 그는 황하 물길을 북쪽으로 옮겨 옛 물길로 흐르게 했다. 민간인 노동자 15만 명, 군사 2만 명을 동원해 4월부터 7월까지 14km의 황하의 옛 물길을 소통시켰고, 8월에는 막힌 곳을 터서 11월에 완공했다.

황하를 막는 공사를 진행할 때는 가을 장마철이어서 물이 많고 물살이 급해서 시공하기가 대단히 어려웠다. 그래서 그는 돌을 가득 실은 큰 배 27척을 연결해 강바닥에 가라앉혔다. 이것이 바로 수리 역사에서 유명한 돌배 둑인 '석선제(石船堤)'이다. 석선제로 물을 막는 방법은 현

---

3 왕경: 동한 시대 치수 전문가로 천문, 수학 등에 뛰어났다. 황하 치수에 노력한 결과 이후 800여 년 동안 황하의 물길이 바뀌지 않을 정도로 제방을 수리했다.

4 가로: 원나라 때 수리 전문가. 황하, 장강 치수를 담당했다.

5 반계훈: 명나라 때 수리 전문가로 홍수와 모래의 피해로부터 제방과 하수시설을 보호하기 위해서는 '사방이수(四坊二守)'가 필요하다고 했다. 사방이란, 제방을 밤낮 가리지 않고 바람과 비로부터 막는 것이다. 이수는 관과 백성들이 지키는 것이다. 저서로는 『양하관견』, 『하방일람』, 『하의변혹』, 『양하경략소』 등이 있다.

6 근보: 청나라 때의 치수 전문가. 황하, 회하, 운하 등의 치수 사업에 힘을 기울였다.

반계훈의 황하치수도

재에도 강을 막는 데 효과적으로 쓰이고 있다.

또한 반계훈은 30년 동안(1565~1595) 황하를 네 번 치수하면서 1,500km의 제방을 쌓았다. 이는 황하 치수에서 가장 위대한 사업이었다. 그는 30여 년간 시공에 직접 참가해 그 경험을 과학적으로 완성시켰다.

가로의 동료였던 구양현(歐陽玄)은『지정하방기(至正河防記)』(1360)를 저술했다. 그는 제방을 쌓을 때 물살을 살펴 하천을 막았으며, 제방을 쌓아 하안을 보호하고 지류를 관리하는 방법 등을 사용했다. 제방을 보강할 때는 나뭇가지나 수숫대 등을 엮어 제방을 보호했다. 이러한 보호

방법에는 제방 보호용, 물살 보호용으로 용 꼬리 모양, 계단 모양, 말 머리 모양 등으로 만드는 보강 둑이 있다. 이 책에서는 둑의 여러 가지 방법을 상세하고도 체계적으로 서술했는데 인류 역사상 수리공사를 처음으로 체계화한 저서이다.

심괄(沈括, 1031~1095)[7]은 『몽계필담(夢溪筆談)』[8]에 다음과 같이 기록하고 있다(권11, 官政 1, 207). 송나라 경력(慶曆) 연간에 하남의 상호(商胡, 복양의 동쪽) 지방에서 여러 차례 제방을 쌓아 황하를 막으려 했으나 모두 실패했다. 황하를 막기 위해서는 둑의 중간인 합용문(合龍門)에 약 300척이나 되는 제방을 만들어야 했지만 언제나 물살에 의해 밀려 나갔다. 이에 고초(高超, ?~?)[9]라는 사람이 '이런 제방은 너무 높아 인력으로는 되지 않는다. 제방이 너무 높아 물살을 막지 못하고 밧줄만 끊어진다. 제방을 각기 100척씩 세 개 부분으로 나누어 양쪽 마디를 서로 밧줄로 연결한 뒤, 첫 부분을 먼저 물밑에 가라앉히고, 두 번째 부분을 그 위에 올려놓고, 나중에 세 번째 부분을 올려놓게 된다면 물살을 막아 낼 수 있다'고 했다.

그러나 옛날 방법을 고집하는 사람들이 반대하고 나섰다. 그러나 고초는 '첫 부분으로는 물을 막지 못하지만 물의 속력은 절반으로 줄일

---

7 심괄: 북송 시대의 과학자이며 정치가이다. 왕안석 변법에 적극 참가했고 서하의 침입을 방어했다. 지금의 양력과 비슷한 『보원력』을 찬수했고, 중국 지역 지도와 하북 지방의 지형 모형을 만들었다. 그리고 '석유(石油)'라는 단어를 제일 먼저 사용했다.

8 『몽계필담』: 심괄이 지은 30권의 백과사전 형식의 학술서이다. 자연과학 기술 방면의 내용이 3분의 1을 차지하고 있다. 수학, 천문, 역법, 기상, 지질, 지리, 물리, 화학, 생물, 농업, 수리, 건축, 의학 등 당시의 최고 과학 수준을 기록하고 있다.

9 고초: 북송 때의 치수 전문가. 1048년 황하를 수리했다.

수 있다. 그리고 두 번째 부분을 물밑으로 밀어 넣으면 절반의 힘만 들이고서도 물의 속력을 더욱 약하게 만들 수 있다. 다음 세 번째 부분을 밀어 넣을 때는 평지에서 일하는 것과 같이 인력을 이용할 수 있다. 세 번째 부분을 다 밀어 넣게 되면 앞의 두 부분에 자연적으로 진흙이 쌓여 막히게 되므로 인력을 다시 사용할 필요가 없다'라고 했다.

그러나 이 수리공사 책임자는 고초의 이러한 건의를 받아들이지 않고 300척의 긴 제방을 계속 시공했는데 물살에 의해 밀려나가 터져 버렸다. 나중에는 고초의 방법에 따라 제방을 쌓고 나서야 물을 막을 수 있었다. 중국의 수리공사에서는 고초와 같이 직위는 없지만 뛰어난 자질을 가진 이름 없는 기술자들이 수없이 많았다.

중국은 광활한 영토를 가지고 있기 때문에 내륙의 수상운수 또한 대단히 중요한 일이었다. 따라서 중국인들은 수천 년을 내려오며 전국적으로 수많은 운하와 항로를 뚫었다. 강소성에서 가장 일찍 수리공사가 시작되었다.

춘추 시대인 기원전 495년 오나라의 오자서(吳子胥)는 태호(太湖)를 중심으로 하여 장강 하류 삼각주 지역에 운하망을 구축했다. 이 지역은 호수와 지류 및 늪지대가 대단히 많았으므로 자연적인 하천 조건을 이용해 인공운하망을 만드는 데 비교적 편리했다. 그러나 자연적인 하류가 많으면 많을수록 문제도 많아지고 복잡해진다. 지형, 물의 흐름, 논밭의 관개와 배수 등의 수리공사는 기술의 부족으로 인해 매우 어려웠다. 그러나 오자서는 수많은 어려움을 이겨내고 운하공사를 완성했다.

오나라는 원래 한쪽에 편중된 작은 나라였으나 농업을 발전시키면서 국력이 점차 강성해졌다. 그리고 내륙 하천의 뱃길 수송을 개발해 경제가 더욱 충실해졌기 때문에 남방에서 새로운 강대국으로 성장했다. 이 운하망은 당시 경제발전에 중요한 역할을 했을 뿐만 아니라 오랜 세월 동안 수리와 보강으로 장기적인 지역발전을 추진할 수 있었다. 사람들은 이러한 오자서의 공적을 기념해 이 운하를 '서용(胥湧)'이라고 했으며, 지금은 '서강(胥江)'이라 부르고 있다.

또 진나라 시대의 사록(史錄)은 '영거(靈渠)'라는 운하를 뚫었다. 진시황은 6국을 멸망시킨 후 기원전 221년에 50만 명의 군대를 남쪽으로 파견해 절강성 남부, 민월(복건성)과 남월(광동성과 광서 지구)을 통일하고자 했다. 그러나 광서성과 호남성의 오령산(五嶺山)은 산세가 험악해 군수품 수송이 대단히 어려웠으므로 전세가 불리했다. 이에 감독인 사록(고대에는 관직명을 이름으로도 사용했다)은 상강(湘江)과 이강(漓江)을 소통하는 운하를 파기 시작해 기원전 214년에 완공했다. 이것이 바로 영거이다. 뱃길이 소통되자 진시황의 대군은 남진을 계속해 승리를 거두었고, 남방 지역을 통일해 계림군(桂林郡)과 남해군(南海郡), 상군(象郡)을 설치했다.

영거는 광서성의 흥안현(興安縣) 부근에 있다. 흥안현 북쪽은 월성령(越城嶺)인데 최고봉인 묘아산(苗兒山: 노산계 2,142m)은 북쪽에서 남쪽으로 경사진 지세이다. 그리고 육동하(六洞河)가 묘아산 남쪽 기슭에서 발원해 남쪽으로 흐르는데, 여기에 황백강(黃柏江)과 천강(川江)이 합쳐져

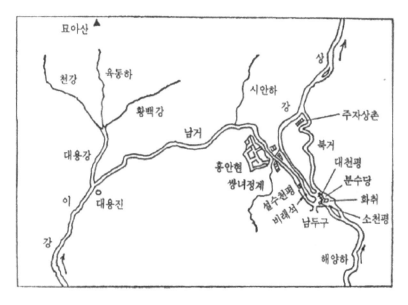

영거

대용강(大溶江: 桂江)으로 된다. 대용강은 다시 남쪽으로 흘러 이강과 합쳐져서 계림과 오주(梧州)를 지나 서강(西江: 珠江의 지류)으로 들어간다.

흥안현 남쪽에는 영천현(靈川縣)과 관양현(灌陽縣)의 경계인 해양산(海陽山)이 있는데 북쪽으로 경사져 있다. 해양산 북쪽 기슭에서 발원하는 해양하(海陽河)는 북쪽으로 흘러 흥안현 부근에 이르러 상강(湘江)과 합쳐져서 계속 동북쪽으로 흘러 호남성의 동정호(洞延湖)를 지나 양자강으로 흘러든다.

상강과 이강은 각기 다른 산에서 발원하며 남북으로 4km 이상 서

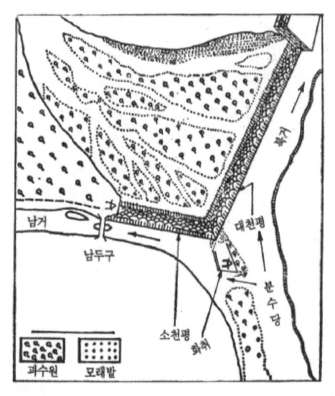

**영거의 천평과 화취 배치도**

로 떨어져 흐른다. 그러나 이강 상류의 시안하(始安河)와 상강의 작은 지류인 쌍녀정계(雙女井溪)가 상강으로 흘러드는 곳인 흥안현 부근에서는 그 거리가 1.5km도 되지 않는다. 이 두 강의 수위 또한 큰 차이가 없는데 상강은 평균 해발 204m이고, 시안하는 평균 210m이다. 이 두 강줄기는 작은 구릉을 사이에 두고 있다. 남북으로 뻗은 태사묘산(太史廟山),

시안령과 배루묘(排樓廟)의 사이는 300~500m이며 높이도 20~30m이다. 사록은 이런 우수한 자연조건을 발견하고 정밀하게 조사한 후 흥안현 동남쪽 2km가량 떨어진 미담(渼潭: 分水塘)에 둑을 조성해 기원전 214년에 영거공사를 완성했다.

영거는 남쪽 물줄기인 남거(南渠), 북쪽 물줄기인 북거(北渠), 가래날 모양의 분리대인 화취(鏵嘴), 돌제방인 대천평(大天平), 소천평(小天平), 돌둑, 두문(斗門), 배수 제방인 설수천평(泄水天平) 등으로 구성되어 있다.

해양하의 돌제방은 '사람 인(人)' 자 형태로 쌓은 둑으로 앞부분에 화취가 있는데 앞이 뾰족하고 뒤가 무뎌 마치 가래날 형태와 같다. 화취는 높이가 6m이고, 길이가 약 74m이며, 너비가 20여m인데 모두 바윗돌로 쌓았다. 이 화취의 앞 끝은 남쪽으로 약간 기울어져 해양하를 향하고 있다.

화취의 뒷부분은 돌제방에 맞닿아 있다. 돌제방은 '사람 인' 자 형태로 돌제방과 물 흐르는 방향이 서로 사선으로 교차되도록 했다. 이것은 홍수를 조절하는 역할을 한다. 홍수 때는 배수작용을 증가시켜 제방에 대한 홍수의 압력을 훨씬 약화시키는 기능을 하는 것이다.

돌제방은 북거 쪽으로 길게 뻗어 있다. 북쪽 제방을 대천평이라 하며 길이가 380m이다. 남거를 향하고 있는 제방을 소천평이라 하는데 길이가 120m이다.

돌제방 양쪽에는 수로가 있는데 왼쪽을 남거라 하고 오른쪽 물길을 북거라고 한다. 상류로부터 흘러내린 물은 화취에 와서 양쪽으로 갈라져서 남거, 북거로 흐른다.

　남거는 분수당(分水塘)의 남두문 북쪽에서 흥안현을 지나 용강진(榕江鎭) 영하구(靈河口)에 이르러 이강 쪽으로 흘러드는데 길이가 30km이다. 남거는 물길이 곧고 좁으며 수심이 얕지만 물살이 세기 때문에 시공에 두 가지 어려운 점이 있었다. 하나는 높이가 20여m, 길이가 370m인 태사묘산을 가로지르는 것이고, 다른 하나는 남두구(南陡口)에서 흥안현까지 약 2km의 제방을 동쪽에 쌓아야 하는 것이었다. 이 제방은 높이가 3m이고 밑바닥의 너비가 7m로 수면보다는 1.5m가 높다. 영거는 진나라 시대부터 건설이 시작되었기 때문에 '진제(秦堤)'라고도 한다.

　비래석(飛來石) 부근은 산기슭이어서 제방을 쌓기가 매우 힘든 지역이었으나 이러한 문제를 해결해 녹음이 우거진 아름다운 곳으로 만들었다. 이곳에는 당시의 돌비석들이 지금도 남아 있다.

　분수당 북쪽으로 흐르는 북거는 상강 충적평원을 흐르다가 주자상촌(洲子上村) 부근에 이르러 상강으로 흘러든다. 북거에서 상강까지의 거리는 2km밖에 되지 않지만 북거는 물의 속력이 빨라서 물길을 두 개의 S자형으로 만들었는데 그 길이가 4km이다. 이렇게 물길이 길어지게 되어 물의 낙차가 줄어들게 됨으로써 물살이 완만하게 흘러서 항행에 편리했다. 북거는 물길이 곡선으로 되어 있기 때문에 수면이 아주 넓다.

　화취와 천평은 영거공사에서 아주 중요한 공사였다. 화취는 해양하의 물길을 두 갈래로 나눠 한 줄기는 남거를 통해 이강으로 흘러들게 하고, 다른 한 줄기는 북거를 통해 상강으로 흘러가게 했다. 당시 해양하

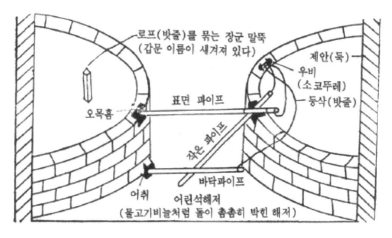

**두문의 구조**

의 물을 '3할은 이강으로 흐르고, 7할은 상강으로 흐르게 했다'고 한다.

중국인들은 또 배수가 잘되도록 조절하기 위해 남거와 북거에 배수지 제방인 설수천평을 만들었다. 이는 낙차를 조절해 배의 항해에 편리하게끔 한 것이다. 또한 수로의 물이 깊지 않고 유속이 빠른 지방에 36개의 배수로 문인 두문(陡門, 갑문이라고도 한다)을 설치했다. 갑문의 윗부분에는 구멍이 있는데 나무막대를 이용해 옆으로 구멍을 뚫었다. 세 개의 나무막대기 끝을 묶어서 배수로 다리인 두각(陡脚)을 만든 다음 대나무 조각과 대쪽 등을 엮어 만든 두단(陡笪)으로 물을 막을 수 있었다. 배가 갑문에 들어올 때는 뒤의 갑문을 막고 물을 채워 한 층 한 층 올라갔고 내려올 때면 앞문을 막고 한 층 한 층 내려왔다. 따라서 중량이 1만 근씩이나 되는 배도 쉽게 갑문을 오갈 수 있었다. 갑문은 물이 얕고 물

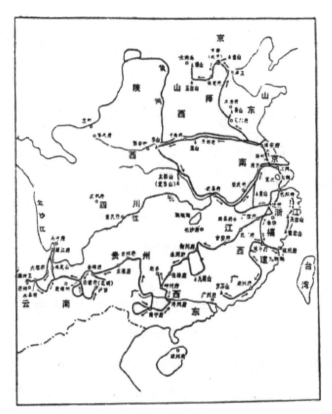

서하객의 여행노선도

결이 세찬 운하를 항행하기 위해 만든 것이다. 갑문은 구조가 간단하고 재료를 수시로 구할 수 있다는 장점이 있다.

영거는 양자강 줄기와 주강 줄기를 이어놓아 영남과 중원 지역의 수로 교통운수의 대동맥으로 되었다. 그 후 역대 왕조들이 영거를 수리했다. 한나라(40) 때의 마원(馬援, 기원전 14~기원후 49)[10]이 서남쪽을 계획적으로 수리했고, 명나라 때도 영거의 준설로 수면을 넓혔다.

명나라와 청나라 시기에 영거는 남북 수로에 중요한 역할을 했다. 『서하객유기(徐霞客遊記)』[11]에는 영거에 '큰 배들이 꼬리를 물고 늘어섰다'고 기록되어 있다. 이는 끊임없이 선박이 왕래해 수운이 융성했고 영거가 당시 남북 교통에서 큰 역할을 했음을 보여주는 것이다. 2,000여 년 전에 중국인들이 현대화된 도구나 재료도 없이 이처럼 정밀하게 고찰해 시공했다는 것은 놀라운 일이다.

영거의 화취 뒤쪽에 정자가 있다. 그 안에는 너비 약 1m, 높이가 2m쯤 되는 비석이 있다. 여기에는 '상강과 이강이 분류된다'라는 글이 새겨져 있다. 그러나 정자의 지면이 비석의 받침대보다 높아 비문의 유(流) 자가 땅속에 묻혀 있다.

다음은 대운하에 대해 살펴보자.

중국의 지형은 서쪽 지대가 높고 동쪽이 낮아 주요한 산 모두가 동서 방향으로 뻗어 있다. 따라서 동쪽 지역은 하류가 대단히 많고 대다수의 강들이 서쪽에서 동쪽으로 흐르고 있다. 이러한 지형적 특색으로 중국인들은 남북 교통을 원활히 소통시키기 위해 대운하를 뚫었다. 대

---

10 마원: 동한초의 장령으로 서북 지역에서 전문적으로 말을 기르던 자인데 말의 외형을 연구해 금속으로 말의 모형을 만들었다고 한다.

11 『서하객유기』: 명나라 말기의 지리학자인 서하객(徐霞客, 1586~1641)이 중국 각지를 돌아다니며 지리적 조사를 하여 일기 형식으로 쓴 10권의 책으로 지형, 식물, 명승, 고적, 민속 등을 기록했다. 생존 시 만들지 못하고 1776년에 편찬된 것으로 제1권은 초기의 일기이고, 제2권부터는 후반기의 여행 기록이다.

운하는 남북을 소통시키고 경제적으로 커다란 가치를 지닌 강이다. 총 길이가 1,70km로 세계에서 가장 일찍 조성되었고 가장 긴 인공 강이다.

대운하는 북경에서 시작해 천진(天津), 임청(臨淸), 제령(濟寧), 회음(淮陰), 강도(江都), 소주(蘇州)를 거쳐 항주(杭州)에 이른다. 이들 지형은 복잡하며 높이의 차이가 40m나 된다. 북경은 해발 35m이지만 천진은 거의 바다 수면과 같다. 또한 남쪽으로 가면서 점점 높아져 황하와 만나는 제령 부근의 높이는 전체 운하에서 가장 높은 39m이다. 다시 남쪽으로 내려가면서 점차 높이가 낮아져 장강 이남은 다시 바다 수면과 거의 같다. 따라서 편리한 운하를 운행하자면 각 구간의 수위를 같게 만들어야 했으므로 21개의 수문을 만들었다. 운하에 대한 남북 고도 차이의 발견과 이를 합리적으로 해결하기 위해 중국인들은 수평 측정의 원리를 이용하는 성과를 거두었다.

대운하의 건설은 중국 수리공사의 발전 역사를 대표한다. 처음 운하를 파기 시작한 것은 기원전 5세기부터이다. 오왕 부차(吳王夫差, ?~기원전 473)[12]는 월왕 구천(越王勾踐, ?~기원전 465)[13]을 타도한 후 중원을 제패하기 위해 수도를 소주에서 한성(邗城: 揚州)으로 옮겼다. 그는 운수를 강화하려고 양자강과 회하 사이를 소통시키는 한구(邗溝)를 뚫었다. 물

---

12 오왕 부차: 춘추 시대 말기 오나라 왕(재위 기원전 496~473). 아버지 오왕 합려(闔閭)가 월왕 구천(勾踐)에게 패배해 죽자, 그 유언을 받들어 월나라에 대한 복수를 꾀해 기원전 494년에 달성했으나 이후 구천에게 항복했다.

13 월왕 구천: 춘추 말기의 월나라 왕(재위 기원전 496~465). 아버지 윤상(允常)이 죽은 뒤 월나라의 왕위를 이어받자마자 오왕 합려와 싸워 그를 죽였다. 2년 후인 기원전 494년에 구천은 오왕 합려의 아들 부차에게 패배해 오왕의 신하가 되었다. 이후 부차를 굴복시켜 자살하게 하고 서주(徐州)에서 제후와 회맹해 패자가 되었다.

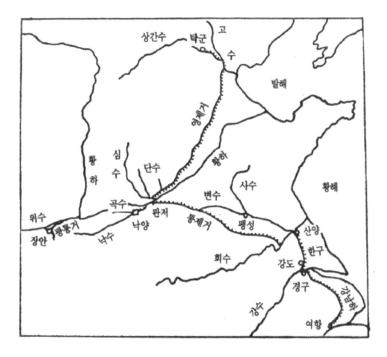

**수나라 때의 운하**

길은 지금의 양주시에서 남쪽의 강물을 끌어들여 북쪽의 고우현(高郵縣)
서쪽을 지난 다음 동북쪽으로 꺾여서 사양호(射陽湖)로 들어갔다가 다시
서북쪽의 회안(淮安)에 이른 후 회하(淮河)로 들어간다.

　한구는 양자강과 회하를 연결시켰는데 이것을 '회남운하(淮南運河)'
라고도 한다. 회남운하는 현재의 운하 구간과 대체로 같으며 그 후 대
운하의 토대가 되었다. 동진 시대 369년에 환온(桓溫)이 건강(建康: 남경)
에서 북상해 연(燕)나라를 공격했을 때는 날이 가물어 강이 메말랐었다.

이로 인해 환온은 군대와 백성들을 동원해 풍부한 수량을 가진 거야호 (巨野湖: 산동성 거야에 있는 큰 호수. 원나라 시대에 말라 버렸다)에 운하를 관통시켰다. 이 운하는 어태(魚台)에서 제령까지 이어졌으며 회하가 사수를 지나면서 운하와 이어지고 하남성의 활현(滑縣)을 거쳐 황하로 들어간다. 길이가 150km에 달하는 이 운하는 '환공구(桓公溝)'라 불리며 이후 '산동 남운하(南運河)'로 발전했다.

수나라는 대흥(大興: 서안)에 수도를 정했는데 동북 지역과 동남 지역의 양식과 세금을 통제하려고 수나라 문제 개황(開皇) 4년(584)에 '광통거(廣通渠)'를 팠다. 광통거는 서북쪽의 위수(渭水)를 끌어들여 동쪽으로 동관(潼關)을 지나 황하와 연결되어 낙양까지 이어진다.

또한 개황 7년(587)에 '산양독(山陽瀆: 회안)' 운하를 팠는데 이것은 한구를 전면적으로 수리한 것이다.

수양제 대업(大業) 원년(605)에는 '통제거(通濟渠)'를 팠다. 통제거는 낙양에서 서쪽의 곡수(谷水)와 낙수(洛水)의 물을 끌어들여 동쪽으로 옛 물길인 '양거(陽渠)'를 따라 황하로 들어간다. 이는 다시 영양(榮陽)에서 북쪽의 황하와 만나고 옛 변하(汴河)의 물길을 따라 개봉(開封)을 거쳐 동남으로 꺾여 흐른다. 그리고 지금의 기현(杞縣), 수현(睢縣)을 지나 상구(商丘)에 이르러 동남쪽으로 기수의 옛 물길을 따라 하읍(夏邑), 영성(永城), 안휘성의 숙현(宿縣), 영벽(靈壁), 사수(泗水), 강소성의 사홍(泗洪), 우이(盱眙)를 거쳐 회수와 합류되어 회남운하와 서로 만난다. 통제거는 황하와 양자강을 이어주는 최초의 수리공사로 총길이가 1,000여km이며 수나라 시대의 운하 중 가장 중요한 운하였다.

대업 6년(610)에는 또 '강남하(江南河)'를 팠다. 강소성 진강(鎭江)에서 시작해 상주(常州), 무석(無錫), 소주 등지를 거쳐 항주에 이르는 이 운하는 총길이가 330여km이다. 강남하는 대운하의 최남단으로서 통제거와 서로 이어져 동남 지역 운수의 대동맥으로 되어 당송 시대 이후 중원 지역과 양자강, 회하 지역의 경제문화 교류와 발전을 크게 촉진시켰다. 당나라 이후는 통제거를 '광제거(廣濟渠)'로 고쳐 불렀다.

대업 4년(608)에 수양제는 100여만 명의 인력을 동원해 '영제거(永濟渠)'를 팠다. 영제거는 하남성 북부에 있는 무척현(武陟縣)의 심수(沁水)로부터 급현(汲縣)에 이르고, 청수(淸水) 아래의 기수(淇水), 둔수하(屯水河), 청하(淸河)를 지나 천진(天津)에 닿는다. 이후 고수(沽水)는 상간하(桑干河)와 만나 탁군(涿郡)에 이른다. 지금의 무청현(武淸縣) 아래의 백하(白河)와 무청현 위에 있는 영정하(永定河)의 옛 물길이다. 산동성 임청 북쪽 구간의 운하를 '하북의 남운하(南運河)'라고도 한다. 영제거는 지금의 위하(衛河)를 수리해 낙양과 탁현을 수로로 이어놓은 공사였는데 항로의 길이가 1,000여km로서 수나라 동북 지역의 양식을 조절하는 동맥이었다.

수나라 시대의 통제거와 영제거, 강남하의 총길이는 2,400여km에 달하며 이때 이미 초보적으로 대운하의 규모가 갖춰졌다. 이 세 개의 운하를 파는 데 모두 6년이 걸렸다.

당나라는 수도를 장안에 정했으나 새로운 운하를 파지 않고 수나라의 운하를 계속 이용했다. 단지 개원 26년(738)에 운하가 진강에서 양

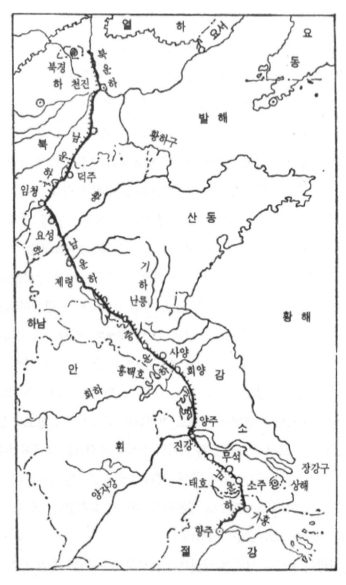

대운하 노선도

자강을 통과할 때 과주(瓜州)의 수십 리 모래톱을 돌아야 했으므로 항로가 구부러져 불편했다. 이러한 항로를 해소하기 위해 제완(齊浣)의 건의에 따라 진강 경구태(京口埭)에 '이루하(伊婁河)'를 팠다.

북송 시대 1058년에 이우경(李禹卿)이 강남 지역의 물길을 정리하면서 태호(太湖) 지역에 40km의 제방을 쌓아 연호(練湖)를 만들었고, 갑문을 증설해 오늘날 강남운하의 현대적 토대를 마련했다.

1118년에 진손지(陳損之)를 비롯한 사람들이 회남운하를 대폭 수리해 70여 개의 갑문을 만들면서 회남운하는 최고조에 달했고, 남송 이후 경제면에서 주요한 운수선이 되었다.

이때부터 남북운하는 독자적으로 형성되었다. 그러나 제령 이북에서 황하 일대까지는 지세가 해수면보다 훨씬 높았으므로 1,000여 년 동안 누구도 직접 소통시키지 못하다가 원나라에 와서야 비로소 이 어려운 공사가 완성되었다.

원나라는 수도를 대도(大都: 북경)에 정했다. 강남에서 배를 이용해 곡물을 수송하는 원대의 조운(漕運)은 수나라 때의 운송로를 이용했으므로 돌아야 했다. 즉 통제거를 거친 후 영제거를 따라 북으로 올라와야 했으며 중간에 육로를 거쳐야 했으므로 노력과 시간 및 경비가 대단히 많이 들었다. 이런 불리한 조건을 개선하려고 지원 20년(1283)에 쿠빌라이는 이오가치에게 사람들을 동원해 제령에서부터 황하구에 이르는 '제주하(濟州河)'를 파게 했다. 이는 문수(汶水)와 사수(泗水)의 두 물줄기가 제주하를 거쳐 각기 남북운하로 흐르게 했으므로 운하의 수량이 증가되었다. 이후 명나라 영락제 때인 1411년에 송례(宋禮)와 청나라 건륭제 때인 1779년에 여러 차례 정리와 수리를 거쳐 현재의 모양을 갖추게 되었다.

원나라 지원 26년(1289)에는 마지정(馬之貞)과 변원(邊源)이 설계해 '회통하(淮通河)'를 팠다. 회통하는 동평(東平) 부근의 안산(安山)에서 시작해 수장(壽張), 요성(聊城)을 거쳐 문수를 수원으로 하여 임청에 이른 후 위하(衛河)로 흘러든다. 회통하는 길이가 120여km로 6개월에 걸쳐 완성되었다. 회통하의 개통으로 뱃길이 단축되었고 남북을 운하로 이어 놓아 남쪽에서 오는 물자가 직접 통현(通縣)까지 닿았다. 그러나 회통하 구간은 강바닥의 높이 차이가 14m나 되었으므로, 그 후 30여 년 동안 꾸준히 수리하고 보수해야 했다.

지원 29년(1292)에 곽수경(郭守敬, 1231~1316)[14]의 건의에 따라 '통혜하(通惠河)'를 팠다. 통혜하는 창평(昌平)의 신산(神山)과 옥천(玉泉) 등의 물을 끌어들여 북경을 지나 통현의 고려장(高麗庄)을 거쳐 백하(白河)로 이어지는데, 길이가 82km이며 20개의 갑문이 설치되었다. 통혜하는 대운하 최북쪽 지역으로 통현에서 직접 북경까지 갈 수 있다.

원나라 시대의 제주하, 회통하, 통혜하의 개통은 대운하 역사에서 중요한 발전으로서 대운하의 완벽한 항운체계를 이룩했고, 운하의 공사가 기본적으로 완성되었다. 이 대운하는 중국 역사에서 아주 중요한

---

14 곽수경: 원나라 때 천문학자, 수리학자, 수학자이다. 그는 수리사업과 20건에 가까운 천문 관측기기를 발명했고, 중국 내 27개 지점에 관측소를 설치해 실측했다. 그리고 『수시력』을 만들었는데 1년을 365.2425일로 했다.

자리를 차지하고 있으며 중국의 정치적 통일, 강남북 지역 간의 경제와 문화 교류를 촉진시켰다.

운하를 파고, 개조하고, 수리하는 과정에서 중국인들은 뛰어난 성과를 창조했다. 그리고 대운하 건설은 2,000여 년 동안 수많은 유명, 무명의 기술자 및 여러 사람의 노력의 결정체였다.

중국의 농업은 관개공사의 성공과 관련되어 있다. 유명한 '도강언(都江堰)'이 바로 중국 관개 수리공사의 성과를 증명해 준다.

2,300년의 역사를 가지고 있는 도강언은 이빙(李氷) 부자에 의해 설계되고 수축되었다. 기원전 316년에 진나라 혜왕(惠王)이 촉나라를 멸망시킨 후 이빙을 촉군(蜀郡) 태수(太守)로 임명했다.

당시 촉군은 성도(成都)에 설치되었다. 사천분지(四川盆地)로 불리는 성도평원은 면적이 17만km²이며, 주위가 3,000~4,000m의 높은 산으로 둘러싸여 있었다. 분지 서쪽에는 7,000~8,000m 이상의 높은 산이 있어 해마다 산의 물과 눈이 성도평원으로 녹아내려 당시 민강(岷江)은 늘 범람했으며, 장마가 지난 후에는 일부 지방의 가뭄 피해가 극심했다. 이러한 자연조건에서 물의 피해를 극복하고 농민들의 안전과 농업생산의 확보는 물론 특히 해마다 범람하는 민강을 다스리는 것이 우선 과제였다.

이빙과 그의 아들 이랑(二郎)은 지형과 물의 흐름을 세심히 관찰했다. 그 후 민강이 계곡에서 빠져나와 평원으로 흘러 들어가는 관현(灌縣) 일대에 제방을 쌓았다. 이 지역은 시공이 비교적 용이했다. 그들은

**이빙 석상**

이 지역에 대나무 광주리(죽롱)에 자갈을 가득 담아 제방을 만들어 물줄기를 갈라놓음으로써 물의 흐름을 원활하게 했다. 이 제방을 '어취(魚嘴: 고기 주둥이 모양)'라고 했다.

어취는 민강을 두 줄기로 나누었다. 하나는 외강(外江) 즉 민강의 본줄기이고, 다른 하나는 내강(內江) 즉 도강(都江)으로 분류시켰다. 그들은 또 내강의 물줄기를 끌어들여 내지의 수전관개에 편리하게 하려고 또하나의 물줄기인 산봉우리 같은 '산취(山嘴)'를 뚫었는데, 이를 '이퇴(裏堆)'라고 한다. 그리고 어취와 이퇴 부근에 물 길잡이 공사를 해 물줄기가 자연스럽게 내강으로 흘러 들어가게 했을 뿐만 아니라, 내외강의 수

대나무 광주리로 엮어 만든 죽롱제방

량이 적당히 분배되어 흐르게 했다.

어취는 앞 끝이 금(金) 자 모양과 같이 뾰족했으므로 '금제(金堤)'라고
도 했다. 어취의 역할은 봄에 내외강의 수량을 조절하는 것이었다. 여
름이 되면 물이 많아져서 물 가르는 역할이 감소된다. 이때 이퇴가 두
번째로 물줄기를 나누는 어취 역할을 하는 것이다. 해마다 상강(霜降) 때
가 되면 외강의 물이 흐르지 못하도록 막아 놓고 강바닥을 정리했다.
그리고 입춘(立春)이 되면 외강의 제방을 열어 놓아 물이 흐르게 했다.
외강의 바닥 정리가 끝나면 다음에는 내강의 물을 막아 놓고 강바닥을
정리한 후, 청명(淸明) 때 다시 내강의 수문을 열어 물이 흐르도록 했다.
이와 같이 내외강의 바닥 정리가 끝난 이후에는 내외강에 동시에 물이

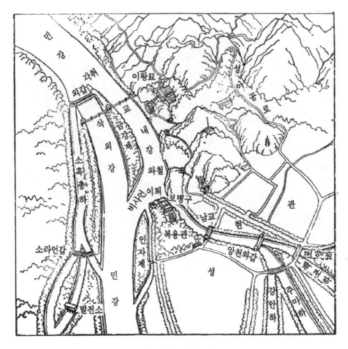

**도강언의 수리시설도**

흐르도록 했으므로 밭갈이에 충분한 물이 제공되었다.

또한 강물을 막을 때는 '마사(馬槎)'가 사용되었다. 이것은 세 개의 나무막대기를 묶어 3각 다리를 만든다. 그리고 대나무 광주리에 자갈돌을 가득 담아 물을 막았는데, 이를 '압반석(壓盤石)'이라 하여 마사 다리를 누르는 데 사용되었다. 이것은 대나무 잎과 줄기, 점토 등으로 채워서 임시로 물의 흐름을 차단하도록 만든 것이다. 외강의 물을 막을 때는 민강의 물을 모두 내강으로 흐르게 했다. 반대로 내강의 물을 막

**도강언 보병구**

을 때는 민강의 물을 모두 외강으로 흐르게 했다. 마사는 물을 막을 수 있었을 뿐 아니라 수량을 조절할 수도 있었다. 이러한 임시 물막음 설비는 시공이 간편했다.

도강언은 성도 부근의 14개 현 500만 무(畝)의 수전(水田)에 충분한 물을 제공해 주었다. 이 때문에 성도평원은 2,000여 년을 내려오며 줄곧 물자가 풍부한 땅이라는 천부지국(天府之國)으로 불려왔다. 도강언의 관개는 세계적인 것으로 천연적인 지형을 이용해 수많은 수로를 종횡으로 팠고, 관개와 배수를 통일시켰을 뿐만 아니라 수많은 지류에는 배까지 통행할 수 있었다. 또한 수로를 수리하거나 강바닥을 정리할 때도 현지에서 자재를 구할 수 있어서 매우 편리했다. 정밀한 측량 계기나 근대화된 공구도 없던 당시에 이와 같이 거대한 공사를 진행했다는 것은 대단한 일이다. 도강언 공사가 완공됨으로써 '강바닥은 깊이 파고 제방은 낮게 쌓는다'는 수류 조절 원칙이 과학적으로 증명되었다. 이러한 과학적 결론은 후세의 역사 속에서 충분히 입증되었다.

도강언은 중국 수리공사 역사에서 훌륭한 창조물이다. 그 설계의 완비성, 시공의 합리성, 효과성, 사용 수명의 영원성, 비용의 최적화는 고대 세계 역사에서 그 예를 찾아볼 수 없다. 도강언의 관개로 성도평원은 질 좋은 전답이 수만 경(頃) 생겨났다. 사천성이 천부지국으로 불리게 된 것은 결코 대자연의 혜택이 아니라 중국인들의 노력과 지혜로 자연을 합리적으로 이용했기 때문이다. 사천성 사람들은 도강언을 수축한 기술자인 이빙 부자를 기념하기 위해 도강언 부근에 '이랑묘(二郎廟)'라는 사당을 세웠다.

중국 최초의 수리 관개공사는 주(周)나라 정왕(定王) 시대(기원전 606~586)의 초(楚)나라 손숙오(孫叔敖)[15]가 수축한 안휘성 북부의 수현(壽縣)인 옛 안풍(安豊) 남쪽의 작파(芍坡)에 '안풍당(安豊塘)'을 수축해 1만 경(頃) 정도를 관개했다. 그리고 주나라 말엽 위(魏)나라 업현(鄴縣)의 서문표(西門豹)[16]가 수축한 '장수12거(漳水十二渠)', 진나라 때 섬서성에 수축한 '정국거(鄭國渠)'와 영하(寧夏)의 '진거(秦渠)'도 모두 유명한 수리공사이다. 그러나 이들은 모두 그 규모나 효율 면에서 도강언과는 비할 바가 못 된다.

---

15 손숙오: 춘추 시대 수리 전문가로 노동자를 동원해 치수에 힘썼다. 수문과 댐을 설치했고, 관개 사업에도 커다란 기여를 했다.

16 서문표: 위나라의 정치가. 치수 전문가로 수로 12개를 건설하고 수량을 조절하는 수문을 설계했다.

# 제3장

## 수학

● ● ●

중국 고대의 수리공사는 농업과 밀접하게 결합되었으며, 농업의 발전은 천문, 기상과 불가분의 관계에 있다. 이런 과학들은 역시 수학적 계산을 바탕으로 하고 있다. 그러므로 수학의 발전은 농업의 발전과 긴밀한 관계를 가지고 있다.

**갑골문에 보이는 13개의 숫자**

은허(殷墟)[1] 유적지에서 발견된 갑골문에는 이미 '십진법'이 기록되어 있었다. 감숙성(甘肅省) 북부의 거연(居延)과 서부의 돈황(敦煌)에서 한나라 시대의 대나무에 글씨가 쓰인 구구표(九九表)가 출토되었다. 산동성 가상현(嘉祥縣)에 있는 한나라 시대의 무량사(武梁祠) 석실에는 복희씨(伏羲氏)가 손에 삼각자인 '구(矩 : 각척, 곱자)'를 들고 있고, 사신인면상(蛇身人面像)을 하고 있는 여와씨(女媧氏)가 컴퍼스인 '규(規)'를 들고 있는 조각상이 있다. 이런 삼각자와 컴퍼스는 지금 사용하고 있는 것과 비슷하다.

---

1 은허: 중국 하남성 안양시 소둔촌에 있는 은대 중기 이후의 도읍지였다. 1899년 갑골문이 대량으로 발견된 이후 궁전건축, 작업장, 능묘 등의 유적이 계속 발견되었다.

규구도

하남성 안양(安陽)에서 발굴된 은나라 때 수레 축의 장식품에는 오
각형과 구각형 등의 기하 도형이 그려져 있다. 이러한 것은 중국인들이
예부터 수학 지식과 계기 등 여러 면에서 창조적 활동을 해왔음을 잘
설명해 주고 있다.

　중국의 춘추 시대, 진나라·한나라 시대에는 천문역법의 숫자와 논
밭의 크기, 세금, 양식의 운수 관리 등 농업생산과 관련된 사물을 계산
하기 위해『주비산경(周髀算經)』[2](기원전 100년경)과『구장산술(九章算術)』[3]

2 『주비산경』: 상하 2권. 저자 미상. 책명은 주대(周代)에 비(髀)라고 하는 8척(尺)의 막대기로 천
　지를 측정 산출한 데서 비롯된다. 구고현의 법(피타고라스 정리)을 기초로 하여 혼천설(渾天說)
　과 함께 중국의 대표적인 우주관이라고 하는 개천설(蓋天說)을 뒷받침해 주었다.
3 『구장산술』: 서한 시대 때 지어졌다는 수학 방면의 중요한 서적이다. 생활에 실질적으로 필요한
　246가지의 문제를 9개 장으로 나눠 논증했다. 원본은 북송 때 사라졌다. 한나라 때 장창, 경수
　창 등이 수정과 보충을 한 뒤 삼국 시대의 유휘, 당나라 때의 이순풍, 남북조 때 조충지 등이 주
　석을 달았다.

(40~50년경)이 저술되었다.

이 두 권의 책에는 당시의 우수한 수학자인 상고(商高, 기원전 1100년
경)[4], 장창(張蒼, 기원전 250?~기원전 152)[5], 경수창(耿壽昌, 기원전 50년경)[6],
허상(許商)[7], 두충(杜忠, 기원전 20~30년경)을 비롯한 사람들의 천재적인 발
견이 총망라되어 있다. 그들은 벌써 단분수, 다원 일차 연립방정식, 등
차급수 등과 지름의 길이가 1이면 원주의 길이는 3이라는 '경일주삼(徑
一周三)'의 원주율, '직각삼각형에서 짧은 변인 구(勾)의 제곱 더하기 긴
변인 고(股)의 제곱은 빗변인 현(弦)의 길이의 제곱과 같다'는 기하 방법
을 응용했다.

상고·진자(陳子) 등은 『주비산경』에서 장대인 주비(周髀)를 이용해 태
양의 그림자를 측정하는 방법과 직각삼각형의 법칙인 '구고법'을 이용
해 태양의 높이를 계산하는 방법을 밝혀 놓았다. 여름철 하지에 호경(鎬
京: 서안 부근)에서는 8척 높이 주비의 그림자 길이가 1척 6촌으로 된다.
그리고 정남 방향으로 1리를 나가면 태양의 그림자는 1척 5촌으로 되
며, 정북 방향으로 1리를 가면 태양의 그림자는 1척 7촌이 된다. 이처
럼 서로 비례를 이용하면 하짓날과 동짓날의 태양과 지면의 경사 높이
를 알 수 있다. 또한 지름이 1척이고 길이가 8척인 속이 빈 대나무관을
가지고 태양을 관측하면 태양의 둥근 그림자가 곧바로 대나무관 안에

---

4 상고: 주나라 초의 수학자로 숫자의 중요성을 강조하고, 삼각형에 대해 정리했다.
5 장창: 한나라 때 수학자로 역법에 뛰어났다.
6 경수창: 서한 때 수학자, 경제가이다. 농업에 상평창제도를 도입하고 천문학 관측 기계도 만들었다.
7 허상: 서한 때의 수학자로 『5행론』과 『산술』 26권이 있다.

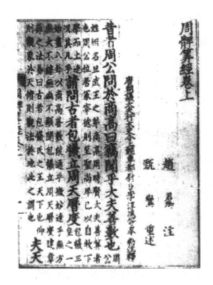

「주비산경」

가득 차게 된다. 이렇게 태양의 사변 높이와 직각삼각형의 구고원칙으로 측정한 숫자는 대단히 조잡하고 실제 상황과 매우 큰 차이가 있다. 그러나 3,000년 전인 고대에 이와 같은 발견과 실천적 관측 정신이 존재했다는 것은 대단한 일이다.

『구장산술』은 모두 9장으로 246개의 문제로 구성되어 있다. 9장이란 방전(方田), 속미(粟米), 쇠분(衰分), 소광(少廣), 상공(商功), 균수(均輸), 영부족(盈不足), 방정(方程), 구고(勾股)이다.

방전장은 주로 논밭의 면적을 계산하는 각종 기하 문제를 서술했다. 예를 들면 사각형밭, 계단형밭, 사방형밭, 원형밭, 반원형밭, 길쭉한

밭, 둥근 밭의 면적을 계산하는 방법이다.

원형밭의 면적을 계산하는 문제는 원주의 길이가 지름의 세 배에 해당된다는 이론과 반원의 길이에 반지름을 곱하면 원의 면적을 계산할 수 있다는 결론을 내렸다.

속미장에서는 양식 교역의 계산 방법을 서술했다. 여기에서는 이원일차방정식을 푸는 나눗셈 방법을 제시했다.

쇠분장에서는 비례에 따라 분배하는 계산 방법을 서술했는데 주로 세수(歲收)의 분배에 응용되었다.

소광장은 밭의 면적을 계산할 때 원주의 길이와 변의 길이 등을 계산하는 산술문제를 서술했다. 여기에서는 제곱근인 평방(넓이)과 세제곱근인 입방(부피)을 산출하는 계산 방법을 제시했다.

상공장에서는 각종 부피를 계산하는 기하 방법을 서술했다. 이는 주로 성을 쌓고, 제방을 수축하고, 하천을 뚫고, 도랑을 내는 등의 실제로 공사에서 나타나는 문제를 해결했다. 이는 당시 토목공사의 시공 경험을 총결집했다.

예를 들면 같은 중량의 원래 부피와 파낸 흙의 부피와 건축용으로 다진 흙의 부피 사이의 비례는 약 4 : 5 : 3이라고 증명했다. 또한 겨울에 제방을 쌓게 되면 한 사람이 444입방척의 작업을 할 수 있지만 봄에 구덩이를 파는 작업을 하게 되면 776입방척의 작업을 할 수 있다. 흙을 나르는 사람은 이보다 5분의 1의 작업을 더 할 수 있다. 여름에는 871입방척을 팔 수 있지만 자갈땅을 팔 경우에는 두 배의 노력을 해야 한다고 했다. 이

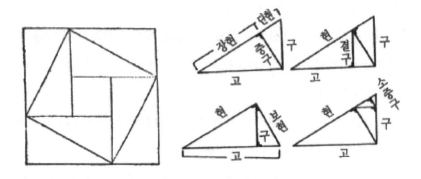

구고현 정리를 설명한 조군경의 기하도(왼쪽)와 구고현 설명도

러한 것은 모두 토목시공의 계산에 필요한 귀중한 경험들이다.

균수장은 양식의 수송관리에 대해 서술했다. 여기에는 균등하게 부담하는 계산 방법으로 일원일차방정식과 등차급수 문제를 활용했다.

영부족장에서는 각종 이원 일차 연립방정식의 문제를 처리했다. 방정장에서는 각종 삼원 일차 연립방정식과 사원 일차 연립방정식에 속하는 문제를 처리했다.

구고장에서는 각종 기하 문제를 처리했는데 '직각삼각형의 긴 변인 구 제곱 더하기 짧은 변인 고의 제곱은 빗변인 현의 제곱과 같다'는 중요한 정리를 제시했다.

『주비산경』과 『구장산술』은 모두 대단히 풍부한 내용과 실사구시의 정신을 내포하고 있다.

직각삼각형의 '구고현 정리(勾股弦定理)'[8]는 『주비산경』에서 주나라 시대에 벌써 상고가 '짧은 변과 긴 변이 각각 3과 4일 때 빗변의 길이는 5가 된다'라고 3변의 길이 비율을 설명한 '구삼고사현오(勾三股四弦五)'에 대해 설명한 예가 있었다. 그 후에는 진자가 일반적인 '구고현 정리'를 체계화했다. 이런 정리를 서양수학사에서는 '피타고라스 정리'라고 부른다. 서양 사람들은 그리스 사람인 피타고라스가 먼저 발명한 거라고 인식하고 있지만 사실은 중국 고대 수학자 진자가 발견한 것보다 600년이나 늦은 것이다.

　중국인들은 구고현 정리를 응용함에 있어서 서양의 피타고라스보다 빨랐을 뿐만 아니라 이 문제의 기하 증명에서도 독특한 성과를 이루었다. 한나라 수학자 조군경(趙君卿)은 이 유명한 정리를 기하로 훌륭하게 증명했다. 그는 아주 간단하게 증명했다. '구와 고를 곱한 두 배(네 개의 삼각형의 면적)와 구와 고의 차이를 곱한 면적(중간의 작은 정사각형의 면적)을 더하게 되면 현과 현을 곱한 면적(사각형의 면적)과 같다'는 것이다. 이것을 다시 대수로 간단히 하면 '구 제곱 더하기 고 제곱은 현 제곱과 같다'는 정리를 얻게 된다.

　외국에서 이와 같은 방법으로 이 정리를 증명한 것은 인도의 수학자 바스카라 2세(bhaskara, 1114~?)[9]가 가장 빠르다고 하지만 중국 고대 수

---

8 구고현 정리: 중국의 피타고라스 정리라고도 부른다. 직각삼각형에서 긴 변을 구, 짧은 변을 고, 빗변을 현이라고 불렀다. 따라서 긴 변 제곱 곱하기 짧은 변 제곱은 빗변 제곱과 같다는 정리이다.

9 바스카라 2세: 인도의 대수학자, 천문학자. 1150년에 『시단타 슈로마니』를 지었는데 전편 『리라바티』와 『비자가니타』는 수학에 관한 그 이전의 학설을 상세하게 예증, 해설하고 있으며 후편은 천문에 관한 내용이다.

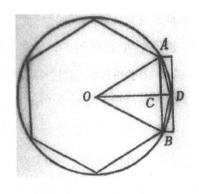

유휘의 할원술

학자 조군경에 비하면 1,000년이나 늦었다.

중국 고대의 수학자들은 원주율을 계산하는 방법에서도 앞섰다. 『주비산경』에서는 '원주는 지름 길이의 세 배이다'라고 했다. 이는 원 안에 내접한 정육각형의 둘레 길이와 지름의 비례를 원주율로 한 것인데 정확하지 못했다. 그 후에 많은 수학자들이 원주율을 연구했다.

한나라의 유흠(劉歆, 기원전 53?~기원전 25?)[10]은 원주율을 3.1547이라고 계산했고, 장형(張衡, 78~139)[11]은 10차 방정식의 세제곱근이나 제곱근을 구하는 법인 '개방십' 방법을 만들어 냈다. 장형의 원주율은 외국의 계산보다 훨씬 앞선 것으로 이후 인도의 유명한 수학자 아리아바타

---

10 유흠: 전한 말기의 유학자이다. 아버지 유향(劉向)과 궁정의 장서를 정리했다. 육예(六藝)의 군서(群書)를 7종으로 분류해 『칠략(七略)』을 저술했다.

11 장형: 후한의 문인이자 과학자이다. 부문(賦文)에 능해 저서로 후한 중기의 태평성대를 풍자한 『이경부(三京賊)』, 『귀전부(歸田賦)』 등이 있다. 또한 천문, 역학의 대가로서 일종의 천구의인 혼천의를 비롯해 지진계라 할 수 있는 후풍지동의(候風地動儀)를 만들었다.

(Aryabahata, 476~550)의 저서와 아라비아의 산술서(800년경) 속에서 동일한 수치를 많이 찾아볼 수 있다.

삼국 시대 유휘(劉徽, ?~?)[12]가 263년에 『구장산술』의 주석을 달면서 원주율을 구하는 계산법인 무한등비 급수와 같은 '할원술(割圓術)'을 발표했다. 이는 원주율의 계산에 과학적인 기초를 정착시켰다. 또한 적분학에서 길이와 면적을 계산하는 기본 개념을 서술했다. 그는 '나눠서 작아진다는 것은 점점 작아져서 없어지게 된다는 것이다. 그러나 계속해서 나누고 나눠서 더 이상 나눌 수 없다 하더라도 원주 전체가 없어지는 것은 아니다'라고 말했다. 그는 끊어진 선을 곡선에 접근시켰고 다변형을 사용해 곡선에 포위된 도형으로 접근시켜 갔다. 그는 원의 내접에 등변 6각형, 등변 12각형, 등변 24각형 등 변 길이의 합을 이용해 점차 원주 길이를 계산했다. 결국은 내접된 정 96변형까지 계산해 원주율이 3.14라는 것을 밝혀냈다.

남북조 시대의 조충지(祖沖之, 429~500)는 이제껏 계산된 원주율이 전부 정밀하지 못하다면서 계속 연구해 『철술(綴術)』을 저술했다. 그는 원주율을 3.1415926과 3.1415927 사이라고 했다. 그리고 7분의 22를 '소율'이라고 하고, 113분의 355를 '밀률'로 표시했다.

---

12 유휘: 삼국 시대 위나라의 수학자. 경력은 확실하지 않으나 한대에 완성된 『구장산술』에 주석을 가했으며 『해도산경』을 저작했다. 『구장산술주』는 단순히 주석서에 그치지 않고 수학자로서의 그의 진가를 발휘한 귀중한 자료서였다. 그는 여기서 원주율을 산출함에 있어 무한등비 급수의 극한치를 구하는 방법과 유사한 추리 방법을 적용해 근사치를 구하는 데 성공했다. 아르키메데스는 원주율을 소수 셋째 자리까지 계산했고, 프톨레마이오스는 소수 넷째 자리까지 계산했다. 그리고 아르키메데스는 96각형을 이용해 원주율이 3.14와 3.142 사이라고 했다. 유휘는 원에 내접시킨 192각형부터 시작해 3072각형까지 내접시켜 원주율이 3.14159라고 했다.

조충지는 세계에서 처음으로 원주율의 수치를 7자리 소수점 아래까지 계산한 수학자이다. 서양 사람들의 원주율에 대한 정밀한 계산은 독일의 오토(Valentinus Otto, 1573)에 이르러서야 이와 같은 수준에 도달했다. 조충지보다는 1,000년이나 늦은 셈이다. 일본의 어느 수학자는 원주율을 '조율(祖率)'이라 칭하자고 제의했다.

조충지의 아들 조훤지 또한 우수한 수학자였다. 그는 구형의 부피 계산법인 '개립원술(開立圓術)'[13]을 제시했다.

그는 '구형의 부피는 원주율에 구형 반지름의 세제곱을 곱한 것의 4분의 3에 해당한다'는 것을 계산해 냈다. 이 공식은 비록 아르키메데스(Archimedes, 기원전 287~기원전 212)가 얻은 결과와 같은 수치이지만 계산 과정은 다르다.

조훤지는 구형의 부피를 계산하는 데 독창적인 공식을 만들었다. 즉 '두 평면 사이의 두 입체 사이에 그 어떤 두 평면과 평형되는 평면에 잘렸을 때 두 단면의 면적이 서로 같다면 두 입체 부피도 같아야만 한다'라고 했다. 서양에서는 이탈리아 수학자 카발리에리(F. B. Cavalieri, 1598~1647) 때 이르러서야 이 이론이 제기되었다. 이는 조훤지보다 약 1,000년이나 늦다. 일반적으로 이 공식을 '카발리에리 공식'이라고 하는데 이를 '조훤지 공식'이라고 해야 더 합당할 것 같다.

중국인들은 다원 연립방정식의 계산법에서도 대단히 중요한 기여를 했다. 『구장산술』의 방정장에서는 연립일차방정식의 풀이에 대해

---

13 개립원술: 조훤지가 발명해 낸 구형의 부피 계산법으로 카발리에리 공식과 비슷하다.

전문적으로 기술했다. 당시 산술문제에서 미지수는 부호로 표시하지 않고 단지 계산 산가지를 위로부터 아래로 각 항 계수, 즉 주산(籌算)을 사용해 항상 숫자를 가장 마지막에 배열함으로써 한 행을 완성했다.

이원(二元)은 두 줄, 삼원은 세 줄로 배열했고 산가지를 병렬시켜 네모 형태의 진을 만들었으므로 이를 방정(方程)이라 불렀다. 방정식 풀이의 각 항 제거 방법은 현대에 늘 쓰는 더하기와 빼기인 '가감소원법(加減消元法)'과 유사했다. 따라서 각 항의 양수인 플러스와 음수인 마이너스 또한 올바르게 처리할 수 있었다. 13세기 전후에 이르러 중국인들은 '천지술(天地術)'이라는 것을 발명했다. 천(天)과 지(地) 두 글자로 같지 않은 미지수를 표시해 이원 고차방정식을 풀었다.

원나라 주세걸(朱世杰, ?~?)[14]이 저술한 『사원옥감(四元玉鑑)』[15]에서는 사원 연립 고차방정식의 계산법을 내놓았다. 외국에서 연립일차방정식을 제일 먼저 계산한 사람은 약 5세기경의 인도 수학자였다. 서양의 수학자들은 16세기에 이르러서야 연립일차방정식에 대해 논의했고 다원 연립 고차방정식도 근대에 이르러서야 연구되었다.

중국인들의 방정식 풀이법은 세계 수학사에서 뛰어난 위치에 있었으며 방정 이론에서도 서양보다 앞섰다. 『구장산술』의 소광장에서 제곱과 세제곱근을 구하는 계산법이 나타난 후 조충지는 이 법에 근거해

---

14 주세걸: 중국 원대(元代) 초기의 수학자. 저서에 『산학계몽(算學啓蒙)』(3권, 20문항, 259문제, 1299년), 『사원옥감(四元玉鑑)』(3권, 1303년)이 있다.

15 『사원옥감』: 『산학계몽』을 기초로 하여 24개 부문 288개 문제로 나누어져 있다. 사원술(四元術)이란 천원(天元)·지원(地元)·인원(人元)·물원(物元)의 사원 방정식의 해법이며, 보간법(補間法)의 초차술(招差術)의 계산 예도 포함되어 있다.

일반적인 이차방정식과 삼차방정식의 정확한 값을 계산해 냈다. 왕효통(王孝通, ?~?)[16]의 『집고산경(輯古算經)』에서도 삼차방정식의 해답 풀이법을 내놓았다.

북송 시대 약 1080년경에 유익(劉益)의 『의고근원(議古根原)』과 가헌(賈憲)의 『구장산법세초(九章算法細草)』에서는 세제곱근을 구하는 계산법과는 다른 고차 대수방정식인 '증승개방법(增乘開方法)'을 제시했다. 이런 방법은 지금 수학 교과서에 나오는 고차방정식인 '호너법'과 비슷하다. 이는 지금 수학자들이 고차방정식 해답을 구하는 표준 방법이 되었다.

진구소(秦九韶, 1202?~1261)[17]의 『수서구장(數書九章)』(1247)과 이야(李治, 1192~1279)[18]의 『측원해경(測圓海鏡)』(1248)이 출판되면서 증승개방법은 더욱 완벽하게 되었다. 서양의 수학자들도 같은 시대에 여러 방법으로 삼차 이상 방정식의 해답을 풀었으나 대개는 번잡스럽고 실용성이 없었다.

이후 이탈리아의 루피니(Ruffini, 1765~1822)가 1804년에, 영국인 호너(W. G. Horner, 1786~1837)가 1819년에 와서야 비로소 증승개방법과 완전히 동일한 계산법을 발견했다. 그러나 서양인들의 발견은 유익

---

16 왕효통: 당나라 때의 수학자로 『구장산술』의 상공장을 보충해 『집고산경』을 편찬했다. 제방 건축과 부피 구하는 산법 등 20개 문제에 대해 해설했다.

17 진구소: 남송 시대의 수학자로 『수서구장』 18권을 지었다. 크게 9장으로 분류해 각 장에 9개씩 총 81개 문제에 대해 각종 계산법을 기술했다. 대연(大衍), 천시(天詩), 전역(田域), 측망(測望), 부역(賦役), 전곡(錢穀), 영건(營建), 군려(軍旅), 시물(市物)이다.

18 이야: 금나라 말부터 원나라 초의 수학자로 『측원해경』 12권과 『익고연단』 3권을 저술했다.

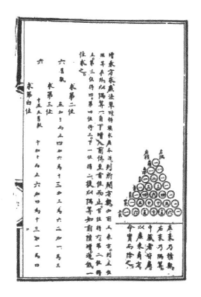

**개방작법본원도(파스칼 삼각형)**

이나 가헌보다 약 800년이나 늦고 진구소, 이야의 발견보다도 약 500년이 늦은 것이다.

양휘(楊輝, ?~?)[19]는 『구장산법』을 풀이할 때(1261) 서양의 파스칼 삼각형과 같은 '개방작법본원(開方作法本源)'이라는 그림을 만들었다. 이 도표의 구조법칙은 양쪽 변수가 모두 1로 되어 있고, 중간의 숫자들은 그 양쪽 어깨 두 숫자를 더한 것과 같다. 이러한 삼각형 숫자 수열인 보탑(寶塔)은 2항식 정리 중에서 계수의 기본 계산법으로 활용되었다. 양휘

---

19 양휘: 남송 때의 수학자로 『상해구장산법(詳解九章算法)』 12권(1261)과 『일용산법』 2권(1262), 『승여변통산보』 3권(1274) 등을 저술했다.

는 '이 도표가 『석쇄산서(釋鎖算書)』에서 나왔으며 가헌이 이 방법을 사용했었다'라고 설명했다.

'석쇄'란 당시 수학자들이 고차방정식을 풀이하는 해설의 다른 명칭이다. 이 책은 이미 없어졌지만 가헌의 시기(약 11세기 말엽)에 중국의 수학자들은 이미 이런 방법을 사용하고 있었다.

양휘의 도표는 6차식의 계수지만 주세걸은 『사원옥감』에서 '고법칠승방도(古法七乘方圖)'라는 것을 내놓았다. 여기에서는 이미 8차식의 계수로 늘어났다. 이런 숫자 보탑은 서방 수학사에서 '파스칼(Pascal) 삼각형'(1654)이라 부르고 있다. 서양 수학 역사가들의 고증에 따르면 독일 천문학자 아피아누스(Apianus)가 1527년에 최초로 숫자 보탑을 발견했다고 하지만 중국인들보다 몇백 년이나 뒤늦었다. 따라서 이 숫자 보탑 또한 '가헌(賈憲) 삼각형'이라 불러야 한다.

중국 고대 수학자들의 위대한 기여는 부정해법(연립 일차 합동식)인 '대연구일술(大衍求一術)'을 내놓은 것이다. 『손자산경(孫子算經)』[20](한나라와 위나라 사이에 나온 책)에는 다음과 같은 유명한 고사가 있다. 한 미지수가 있는데 셋씩 나누면 둘이 남고, 다섯씩 나누면 셋이 남으며, 일곱씩 나누면 둘이 남는다. 그러면 이 미지수의 숫자는 얼마인가? 그 정답은 23이다. 풀이법은 다음과 같다.

먼저 5와 7을 곱해 얻은 수에 두 배를 하면 70이다. 이것을 3으로

---

[20] 『손자산경』: 저작자와 연대가 명확하지 않지만 손무(孫武)의 저작이라고도 하는 3권의 산술서이다.

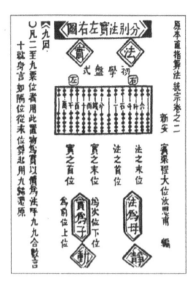

「산법통종」

나누면 1이 남는다. 다음 3과 7을 곱하면 21인데 이것을 5로 나누면 1
이 남는다. 그다음 3과 5를 곱하면 15인데, 이것을 7로 나누면 역시 1
이 남는다. 이런 연후에 미지수를 3으로 나누어 얻은 나머지 수(즉, 2)에
70을 곱하고, 5로 나눈 나머지 수(즉, 3)에 21을 곱하고, 7로 나누어 남
은 나머지 수(즉, 2)에 15를 곱하고 나서 이 세 가지를 더한 합이 105보
다 크지 않을 경우에는 정답이며, 이보다 클 경우에는 105를 감하거나
그 배수를 감한다. 따라서 105는 3, 5, 7의 최소공배수이다.

이 문제를 풀이할 때 무엇보다 먼저 두 숫자 갑을의 곱 또는 그 배수
를 계산하고, 이 두 수로 이외의 수를 나누면 바로 1이 남는다. 그러므

로 진구소는 이를 '대연구일술'이라 했다. 이것에 대해 송나라의 주밀(周密, 12세기)[21]은 '귀곡산(鬼谷算)', '격장산(隔墻算)'이라고 불렀다.

양휘는 이를 '전관술(剪管術)'이라 했는데 속칭 진왕(秦王)의 군사점검법이라 한다. 명나라의 정대위(程大位, 1533~1596?)[22]는 『산법통종(算法統宗)』에서 이를 한신(韓信)의 군사점검법이라고 했다.

대연구일술은 수학사에서 상당히 높은 위치를 차지하고 있을 뿐만 아니라 오늘날 정수에 관한 함수 이론인 수론 중의 일차 합동식과 비교해도 중국의 방법이 아주 구체적이고 간편하면서도 우월하다는 것을 알 수 있다.

서양에서는 오일러(Euler, 1707~1789: 『대수학입문』)에 이르러서야 부정해법과 같은 계산법이 발견되었다. 지금 서구 수학자들 중 정수론자들은 누구나 할 것 없이 중국인들에게 찬사를 보내고 있다. 그리고 그들은 이 정리를 나머지 정리인 '중국의 잉여정리(剩余定理)'라고 했다.

중국 고대의 천재적인 수학자들의 창조는 이외에도 원나라 곽수경(郭守敬)의 유한차분법으로 '초차술'(원시 삼각법, 뉴턴 스털링 공식)의 차수법(差數法)과 주세걸이 『산학계몽(算學啓蒙)』에서 제시한 급수론(級數論)에 관한 이론 등은 과학기술의 발달에 커다란 기여를 했다. 이런 계산법의 제시와 풀이는 제방, 땅굴, 다리수축, 건축 등 중요한 실질적 문제와 밀

---

21 주밀: 남송 시대의 작가로 당시의 도읍인 임안, 즉 무림(지금의 항주)의 일을 기록한 『무림구사(武林舊事)』 10권을 저술했다.

22 정대위: 명대 수학자로 주산에 관한 전문서인 『산법통종』을 지었다. 부록으로 북송 이래의 수학 서적 51종을 기록하고 있다.

접한 연관이 있다. 이렇게 이론과 실제를 밀접하게 결부시키는 전통은
훌륭한 성과를 이루게 하는 중요한 기초가 되었다.

# 제4장

# 천문과 역법

． ． ．

　원시 시대의 사람들은 대자연 속에 살면서 밤에는 별자리를 보고 방향을 구분했다. 또한 달이 차고 기우는 정도에 따라 날짜를 계산했으며 낮에는 태양의 그림자에 따라 시간을 구분하고 정했다. 이러한 천문현상에 대한 인식은 매우 오래 지속되었다. 인류가 농업 사회를 지나오면서 농업 생활은 역법의 발명과 천문 관측의 발전을 촉진시켰다. 따라서 중국, 바빌로니아, 인도, 그리스 등은 천문학이 비교적 발달되었다. 그 중에서도 중국은 가장 실용적인 천문학을 연구했으며 천문 관측 분야에서도 가장 상세한 성과를 이룩했다.

　중국 고대 천문학의 가장 위대한 공헌은 역법을 끊임없이 발전시켰다는 것이다. 중국은 농업 사회로 들어선 후 농사철의 경작 기간을 놓치지 않기 위해 역법을 대단히 중시했다.

　상고 시대의 역법은 현재 없어졌다. 그러나 은(殷)나라 시대의 갑골문에서는 3,000년 전에 윤달이 들어간 13개월의 명칭을 찾아볼 수 있다. 『서경(書經)』[1]의 「요전(堯典)」에 '366일을 윤달로 정하고 사계절을 1년으로 정했다'고 했다. 당시 366일을 양력년으로 했고 달의 주기에 맞춰

---

1 『서경』: 『서(書)』, 『상서(商書)』라고도 하는 경전의 하나로 고대 역사 문헌과 고대 사적 저서의 휘편(彙編)이 기록되어 있다. 일반적으로 「금문(今文)상서」와 「고문(古文)상서」로 나누고 있다. 「금문상서」는 서한 초 당시 통용되던 문자인 예서로 쓰인 28편을 말한다. 「고문상서」는 한무제 말기 공자의 옛집 담벼락에서 발견되었는데 진한 시대 이전의 문자로 기록되어 있다.

윤달을 만들었다. 양력과 음력을 동시에 사용한 것은 고대의 바빌로니아, 그리스와 로마 시대인데 모두 서로 대단히 비슷하다. 그러나 중국의 조상들은 벌써 전국 시대에 동지와 하지 때 태양의 그림자를 관측함으로써 양력년 날짜를 정확하게 파악했다. 서한 말기에 서양의 역법은 매우 혼란스러웠다. 그러나 로마대제 카이사르(Caesar)가 『율리우스력[儒略歷]』[2](기원전 46)을 공포한 후 비로소 궤도에 올랐다.

달이 지구를 돌고 지구가 태양을 도는 이 두 주기를 일치시키는 것이 불가능했으므로 양력과 음력을 조화시키는 것도 곤란했다. 달의 주기는 29.530588일이고 지구의 주기는 365.242216일이므로, 두 개의 주기는 서로 맞아떨어지지 않는다. 그러나 중국의 고대 농사력에서는 음력과 양력을 아주 훌륭하게 조화시켰다. 음력에서는 큰 달을 30일로 하고 작은 달을 29일로 했다. 1년을 12개월로 하면 354일이므로 양력에 비하면 11일 정도가 모자란다. 그러므로 만약 19개 음력년에 7개의 윤달을 더하게 되면 19개 양력년과 거의 대등하게 된다.

중국인들은 춘추 중엽에 이미 19년 동안 일곱 차례의 윤달을 설치하는 '19년법'으로 음력과 양력을 조절했다. 이는 기원전 433년에 그리스 사람 메톤(Meton)이 발견한 '메톤주기'[3]보다 160여 년이나 앞섰

---

2 『율리우스력』: 율리우스 카이사르가 제정한 역. 당시의 로마력은 매우 불완전했다. 카이사르가 이집트를 원정했을 때 그곳의 간편한 역법을 알고 이것을 규범으로 하여 기원전 45년에 로마력을 개정했다. 1년을 평년 365일로 하고, 4년에 1일을 윤일로 하여 2월 23일 뒤에 넣고, 춘분을 항상 3월 25일로 고정시키려고 한 것이다.

3 메톤주기(Meton 周期): 기원전 433년에 메톤이 태음력을 태양의 주기에 맞추려고 19태음년에 일곱 번의 윤달을 두는 역법의 순환기.

다. 춘추 이후 진나라에서는 『전욱력(顓頊曆)』(기원전 246~기원전 207)을 사용했고, 한무제 시기의 『태초력(太初曆)』(기원전 104)에서는 1년을 365와 4분의 1로 정했다. 이는 로마대제 카이사르의 『율리우스력』과 같지만 200년이나 빨랐다.

한나라 이후 송·원나라에 이르는 기간에 장형(張衡)은 황도와 적도의 교차 각도인 '황적거리'를 측정했다. 또한 우희(虞喜)는 한 해 날짜의 차이를 측정했으며, 다른 천문 역법학자들의 노력으로 중국 역법은 날로 정밀해졌다.

송나라에 이르러 중국의 위대한 천재적인 과학자 심괄(沈括)은 양력에 대해 철저히 개혁하는 의견을 내놓았다. 그는 1년을 12개월로 나누고 입춘을 봄의 시작인 '맹춘(孟春)'으로 하고, 경칩을 '중춘(仲春)'의 시작으로 했다. 이런 방법은 달의 삭망(朔望)과는 상관없이 윤달을 완전히 없애 버리고 단지 시기와 절기에 따른 것이다. 이러한 역법은 농업생산의 수요에 아주 적합했다.

그러나 당시 사대부들의 철저한 공격을 받아 심괄의 주장은 받아들여지지 않았다. 1930년 무렵 영국 기상국은 원단(元旦)을 입동절로 하고 '농력(農曆)'이라 불렀다. 지금 영국 기상국에서는 이 농력에 따라 농업의 기후와 생산을 통계 내고 있다. 심괄의 역법은 700년이 지난 뒤에도 영국 기상국에서 사용되고 있다.

원나라 때 중국 판도가 유럽과 아시아의 두 대륙에 걸치자 중국 문화는 여러 면에서 모두 새로운 요소를 받아들이게 되었다. 원나라

1267년에 서역인 자마알딘(Jamal al din)의 『만년력(萬年曆)』[4]이 들어오게 되었다. 1280년에 곽수경(郭守敬) 등은 새로운 역서를 만들어 반포했는데 지금까지의 역법을 집대성한 『수시력(授時曆)』[5]이었다.

곽수경의 『수시력』은 1년을 365.2415일로 했다. 이는 지구가 태양을 싸고도는 실제 주기와 26초밖에 차이가 나지 않는다. 지금 사용되는 『그레고리력』[6]의 1년 주기와 같지만 『수시력』은 『그레고리력』보다 300여 년이나 빨랐다.

명나라의 역법은 『대통력(大統曆)』이라 하는데 기본적으로는 『수시력』과 같다. 『대통력』은 줄곧 200여 년 동안 고쳐지지 않고 계속 사용되었다. 명나라 말기에 이탈리아인 마테오 리치(Matteo Ricci, 1552~1610)[7]가 광동에서 북경으로 오자 서광계(徐光啓, 1562~1633)[8]는 그에게 천문학과 산수를 배우면서 서적들을 번역했다. 이때부터 중국

---

4 『만년력』: 오행의 상생상극과 24절기 및 상중하원을 서로 연결해 상생 기후의 변천과 길흉화복을 예측하는 방법의 원리를 적었다.

5 『수시력』: 원나라 때의 역법. 원초기에는 금(金)나라의 『대명력(大明曆)』이 쓰였는데 중국 본토가 평정되자 세조는 곽수경, 왕순, 허형 등에게 새로운 역법을 편찬하도록 명했다.

6 『그레고리력』: 로마 교황 그레고리우스 13세에 의해서 제정된 태양력. 현재 세계의 공통력으로서 거의 모든 나라가 채용하고 있는 역법이다. 교황 그레고리우스 13세 때는 『율리우스력』을 쓰고 있었으므로 원래 3월 21일이어야 할 춘분날이 실제로는 3월 11일로 옮겨져 있었다. 춘분날은 그리스도교의 부활절을 정하는 데 중요한 열쇠 구실을 했는데, 이 10일간의 이동은 큰 문제가 되었다. 1582년 10일을 생략하고 윤년은 원칙적으로 4년에 한 번, 즉 연수가 100의 배수인 때에는 400으로, 100의 배수가 아닌 때에는 4로 나누어 떨어지는 해를 윤년으로 하고, 나누어 떨어지지 않는 해는 평년으로 정했다.

7 마테오 리치: 이탈리아의 예수회 선교사. 중국 이름은 이마두(利瑪竇)이다. 근세 중국에 있어서의 가톨릭 포교의 시조이다.

8 서광계: 명나라 말기의 정치가. 학자이며 가톨릭 신자로서 농학, 천문학자였다. 마테오 리치에게서 천문학, 수학, 화기 등 서양지식을 학습받았다. 저서로는 『농정전서』, 『숭정역서』, 『기하원본』, 『태서수법』, 『측량법의』, 『구고의』, 『측량이동』 등이 있다.

**마테오 리치와 서광계**

인들은 비로소 서양 역법에 대해 주의를 기울였다.

청대의 역법은 대부분 독일 사람인 아담 샬(J. Adam schall, 1591~1666)[9]
과 벨기에 사람인 페르비스트(F. Verbiest, 1623~1688)[10]가 주관했다.

19세기 중엽 태평천국(太平天國) 시대에 당시의 역법을 개혁했는데
새로운 역법을 『천력(天曆)』이라고 했다. 1년을 366일로 하고 홀수 달
은 31일, 짝수 달은 30일로 했다. 또한 윤달을 두지 않았을 뿐만 아니

---

9 아담 샬: 독일 쾰른 출신의 예수회 선교사. 중국 이름은 탕약망(湯若望)이다. 1611년 예수회에
  들어갔고 1622년에 중국으로 건너가 페르비스트 등과 전도에 종사했다. 그는 천문·역법에도 밝
  아 월식을 예측하여 명성을 얻었다.

10 페르비스트: 벨기에 태생의 예수회 선교사. 중국 이름은 남회인(南懷仁)이다. 1659년 청나라
  로 들어가 과학적 재능을 인정받아 흠천감(천문대)에서 일했다.

라 삭망을 계산하지 않았고, 40년을 '한 주기'로 하여 1년의 매달을 28일로 했다. 『천력』은 홍인간(洪仁玕)이 건의한 것으로 한 해가 평균 365.25일로 회귀년(回歸年)과 같고 일수가 많지 않아 기억하기에 편리했다.

중국 역대 역법은 사서에 99가지나 기재되어 있다. 그중 상고 시대에 쓰이던 원본 여섯 가지는 이미 사라졌다. 나머지 48가지는 진나라 이후에 실행된 것이고, 45가지는 채용되어 쓰이던 것도 있고, 채용된 지 얼마 후 다른 역서로 바뀐 것도 있지만, 이 또한 모두 사라졌다.

절기(節氣)는 중국 역법의 특징이다. 1년을 24개 절기로 나눠 농사와 생활의 상징으로 삼았다. 후위(後魏) 이후부터 절기에 대한 명칭과 설명이 나타나면서 절기의 개념이 민간에 점차 깊이 퍼졌다. 절기와 월령에 대해 '청명에 씨를 뿌리고 곡우에 모내기를 한다[淸明下種穀雨揷秧]'와 같은 속담도 생겨났다. 절기와 월령은 농업생산에도 상당히 중요한 역할을 했다.

진나라 여불위(呂不韋)의 『여씨춘추(呂氏春秋)』[11]에는 '12기(紀)'의 설법이 있다. 한나라 회남왕(淮南王) 유안(劉安, ?~123)이 쓴 『회남자(淮南子)』[12]에는 「시척훈(時則訓)」 편에 있다. 『대대예기(大戴禮記)』에는 「하소정(夏小正)」에, 『예기』에는 「월령(月令)」 편에 기록되어 있다. 진나라와

---

11 『여씨춘추』: 전국 시대 말기 진나라의 여불위가 유가 학설을 기본으로 하여 여러 학설을 모아 놓은 것으로 26권 160편으로 구성되어 있다. 천문, 수학, 의학, 농업, 음악 등의 방면에 자료가 많다.

12 『회남자』: 전한의 회남왕 유안이 저술한 서적이다. 본래 내편 21편, 외편 33편이었는데 현재 내편만 전해진다. 도가사상 위주로 도(道), 기(氣), 우주생성학설 등을 서술하고 있다.

| 월 | 일 | | | | | English | 자리 |
|---|---|---|---|---|---|---|---|
| 2월 | 5일 | 立 | 春 | 입 | 춘 | Spring begins | 물병자리 |
| 〃 | 19 | 雨 | 水 | 우 | 수 | Rain water | 물고기자리 |
| 3월 | 5 | 驚 | 蟄 | 경 | 칩 | Ecited insects | 〃 |
| 〃 | 20 | 春 | 分 | 춘 | 분 | Vernal equinox | 백양자리 |
| 4월 | 5 | 淸 | 明 | 청 | 명 | Clear and bright | |
| 〃 | 20 | 穀 | 雨 | 곡 | 우 | Grain rains | 황소자리 |
| 5월 | 5 | 立 | 夏 | 입 | 하 | Summer begins | |
| 〃 | 20 | 小 | 滿 | 소 | 만 | Grain fills | 쌍둥이자리 |
| 6월 | 6 | 芒 | 種 | 망 | 종 | Grain in ear | |
| 〃 | 21 | 夏 | 至 | 하 | 지 | Summer solstice | 게자리 |
| 7월 | 7 | 小 | 暑 | 소 | 서 | Slight heat | |
| 〃 | 23 | 大 | 暑 | 대 | 서 | Great heat | 사자자리 |
| 8월 | 7 | 立 | 秋 | 입 | 추 | Autumn begins | |
| 〃 | 23 | 處 | 暑 | 처 | 서 | Limit of heat | 처녀자리 |
| 9월 | 8 | 白 | 露 | 백 | 로 | White dew | 〃 |
| 〃 | 23 | 秋 | 分 | 추 | 분 | Autumnal equinox | 천칭자리 |
| 10월 | 8 | 寒 | 露 | 한 | 로 | Cold dew | 〃 |
| 〃 | 23 | 霜 | 降 | 상 | 강 | Frost descends | 전갈자리 |
| 11월 | 7 | 立 | 冬 | 입 | 동 | Winter begins | 〃 |
| 〃 | 22 | 小 | 雪 | 소 | 설 | Little snow | 사수자리 |
| 12월 | 7 | 大 | 雪 | 대 | 설 | Heavy snow | |
| 〃 | 22 | 冬 | 至 | 동 | 지 | Winter solstice | 염소자리 |
| 1월 | 6 | 小 | 寒 | 소 | 한 | Little cold | |
| 〃 | 21 | 大 | 寒 | 대 | 한 | Severe cold | 물병자리 |

**이십사절기(二十四節氣)**

| | | | | | | | | | | | | |
|---|---|---|---|---|---|---|---|---|---|---|---|---|
| 轸翼 | 張星柳 | 鬼井 | 參嶲 | 畢昴胃 | 婁奎 | 壁室 | 危虛 | 女牛斗 | 箕尾 | 心房 | 氐亢角 | 星 |
| 水火 | 月日 | 土 | 金木 | 水火 | 月日 | 土 | 金木 | 水火 | 月日 | 土 | 金木 | 宿 |
| 蜿蛇 | 鹿馬獐 | 羊豜 | 猿猴 | 鳥雉雞 | 狗狼 | 貐猪 | 燕鼠 | 蝠羊蟹 | 豹虎 | 兎狐 | 貉龍蛟 | 獸 |
| 荊 | 三河 | 雍 | 益 | 冀 | 徐 | 幷 | 靑 | 揚 | 幽 | 豫 | 兖 | 州 |
| 楚 | 周 | 秦 | 魏 | 趙 | 魯 | 衛 | 齊 | 吳越 | 燕 | 宋 | 鄭 | 分野 |
| 南 | | | 西 | | | 北 | | | 東 | | | 方 |
| 朱雀 | | | 白虎 | | | 玄武 | | | 蒼龍 | | | 神 |
| 二一一度十百 | | | 度八十 | | | 一度四八九之分度十 | | | 五七度十 | | | 度 |

**28자리의 별이름**

한나라 시대의 고서에서는 모두 매년 열두 달의 기후와 농작물의 정황이 상세히 기재되어 있다. 이것이 절기에 관한 기록의 시작이다.

그러나 그때까지만 해도 명확한 명칭과 절기의 순서에 대한 규정이 없었다. 물론 그중의 춘분, 하지, 추분, 동지와 같은 이름은 춘추 시대에 이미 알고 있었다. 동한 말엽의 『역위통괘험(易緯通卦驗)』에는 24절기[13]의 명칭이 있다. 동지(冬至: 한 해의 첫머리)에서 대설(大雪)에 이르기까지 지금 쓰고 있는 절기와 순서가 동일하다.

그리고 한 절기마다 모두 기후와 물산 등에 대해 설명을 덧붙이고 있다. 이를테면 춘분은 '햇빛이 밝아지고 훈훈한 바람이 분다[明庶風至]', '천둥이 치고 비가 온다[雷雨行]', '복숭아꽃이 핀다[桃始華]' '낮과 밤의 길이가 같다[日月同道]'라고 썼다. 이것은 그 당시 황하 유역의 기후 상황을 설명해 주고 있다.

천문 관측은 역법의 기초이다. 중국 고대에 1년 사계절을 정하는 방법은 주로 황혼 무렵 별자리의 위치에 따라 정했다. 『상서(尙書)』[14]의 「요전(堯典)」에서는 바다뱀자리 '성 (星)', 전갈자리인 '방(房)', 물병자리인 '허(虛)', 황소자리인 '묘(婦)' 등 네 개의 별 위치를 각각 중춘(仲春), 중하(仲夏), 중추(仲秋), 중동(仲冬)이라 했다. 이것은 황혼 무렵의 별을 기준으로 하여 위치를 정한 것이었다. 은허 갑골문에는 이미 전갈자리와 바

---

13 24절기: 봄은 입춘, 우수, 경칩, 춘분, 청명, 곡우이며, 여름은 입하, 소만, 망종, 하지, 소서, 대서이고, 가을은 입추, 처서, 백로, 추분, 한로, 상강, 그리고 겨울은 입동, 소설, 대설, 동지, 소한, 대한이다.

14 『상서』: 『서경(書經)』을 처음에는 『서(書)』라 하다가 한대에는 『상서(尙書)』라 했으며, 송대 이후에 와서 비로소 『서경』이라 했다. 『금문상서』와 『고문상서』로 구별된다.

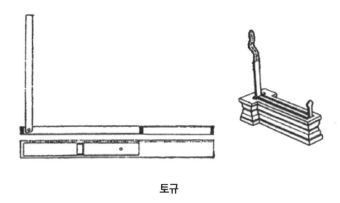

**토규**

다뱀자리의 별 이름이 나타나 있다.

『사기(史記)』[15]에는 전문적으로 전갈자리를 관측하는 화정(火正)이라는 벼슬이 있었다. 고대에 봄의 황혼에 전갈자리가 처음 나타나면 1년 사계절 농업이 큰 경사로 되었다. 대화(大火)자리란 바로 '심(心: 전갈자리의 심장)'자리의 두 번째 별인 시그마이다.

춘추 시대 노나라의 문공(文公), 선공(宣公) 때 벌써 태양의 그림자를 재는 자인 '토규(土圭)'를 사용했다. 그리고 토규로 태양의 그림자를 측정하고 동지와 하지의 날짜를 결정했다. 따라서 1년 사계절을 더욱 정확하게 정할 수 있었다. 그리스의 아낙시만드로스(Anaximandros, 기원전 610~기원전 546)도 노몬이라는 토규를 사용해 태양의 그림자를 측정했고, 동지와 하지를 결정했다. 이는 기원전 6세기의 일로서 중국보다 몇

---

15 『사기』: 전한 시대의 역사가 사마천(司馬遷, 기원전 145?~기원전 86?)이 쓴 130권의 기전체 역사서이다. 상고 시대의 황제(黃帝)로부터 전한의 무제(武帝)에 이르기까지 약 2,000년간의 일을 기술했다. 원래의 명칭은 『태사공서』이다.

십 년이 늦었다.

중국의 천문사학자들은 대체로 서주 시대 초에 벌써 28수의 구분법이 있었다고 한다.

『시경』에는 각(角), 항(亢), 저(底), 장(張), 익(翼), 진(軫) 등 28가지의 별자리 명칭이 있다. 이들 중 '우(牛)'는 견우성이고, '여(女)'는 직녀성이다. 28수의 전체 명칭은 일찍이 진나라와 한나라 사이의 『여씨춘추』, 『예기』의 「월령(月令)」, 『사기』의 「천관서(天官書)」, 『회남자』 등에 기록되어 있다.

중국인들은 북극성 부근의 별 공간을 자미(紫微), 태미(太微), 천시삼원(天市三垣)으로 나누고, 한 바퀴를 도로 나누었다. 태양은 날마다 황도(黃道)에서 1도씩 움직인다. 황도와 적도 부근의 별 공간을 동남서북 네 방향에 따라 동쪽을 창룡(蒼龍) 또는 청룡, 남쪽을 주작(朱雀), 서쪽을 백호(白虎), 북쪽을 영구(靈龜) 또는 현무인 네 가지 상으로 나누었고 각 모양마다 일곱 수로 나누었다.

전국 시대에 초나라 사람 감덕(甘德)은 별을 관측해 『천문성점(天文星占)』 8권을 저술했다. 위나라 사람 석신(石申)은 『석씨성경(石氏星經)』을 저술했다. 후세 사람들은 이 두 가지 고전을 『감석성경(甘石星經)』이라는 책 한 권으로 종합했다.

이 책에는 120개 항성의 황도 도수와 북극과 떨어진 도수가 기록되었다. 이런 숫자로 항성의 위치를 정확하게 측정한 것은 전국 시대 중엽인 기원전 350~360년 사이의 일이다.

이는 그리스의 아리스틸루스(Aristyllus)와 티모카리스(Timocharis)가 지은 『항성표(恒星表)』[16]보다 70~80년 앞섰고, 서양에서 가장 유명한 프톨레마이오스(Ptolemaeos, 100~170)[17] 항성표인 『알마게스트(Almagest)』[18]보다 2세기나 앞섰다. 프톨레마이오스 항성표에는 1,020개의 항성 위치가 기록되어 있었다. 이는 프톨레마이오스가 기원전 2세기 때의 히파르코스(Hipparchos)가 관측한 결과를 바탕으로 제정했다.

동한(東漢) 시대에 장형(張衡)은 항상 밝게 빛나고 있는 124개 성좌를 관측했고, 별 320개의 이름을 정했다. 또한 다른 작은 별[小星] 2,500개, 미성(微星) 1만 1,520개를 알고 있었다.

장형은 혼천학설(渾天學說)을 창조해 천상의 운행원칙을 설명했다. 그는 직접 관측해 그린 별자리 그림인 「영헌도(靈憲圖)」(중국 최초의 별자리 그림)를 바탕으로 '혼천의(渾天儀)[19]를 만들었다. 황도와 적도가 서로 24도씩 교체된다고 설정했고, 하늘을 $365\frac{1}{4}$도로 나누었다. 또한 남북 양극을 설정해 28수와 일월오성(日月五星)을 배치했다. 그리고 흐르는 물을 이용해 혼천의가 스스로 돌게 함으로써 별의 출몰과 하늘의 실제

---

16 『항성표』: 별의 천구상(天球上)에서의 위치·고유 운동·등급 스펙트럼형 등을 기재한 표.

17 프톨레마이오스: 2세기에 그리스에서 활약한 천문학자, 지리학자이다. 127~145년에 이집트 알렉산드리아에서 천체를 관측했으며, 대기에 의한 빛의 굴절 작용을 발견하고, 달의 운동으로 나타나는 제2의 불규칙성을 발견했다.

18 『알마게스트』: 2세기 중엽 그리스의 천문학자 프톨레마이오스의 저서로 그리스 천문학을 13권으로 집대성한 책이다. 2권은 총론으로 천동설을 지지하는 이유를 진술하고 계산에 필요한 '현(弦)의 표'가 수록되어 있다. 3권부터 끝까지는 천동설에 바탕을 두고 기하학적 모형을 써서 해와 달의 위치, 일식·월식, 5행성의 위치와 각종의 천문 현상을 수학적으로 다루었다.

19 혼천의: 천체의 운행과 그 위치를 측정해 천문기계의 구실을 했던 의기(儀器). 고대 중국의 우주관이던 혼천설에 기초를 두고 기원전 2세기경 중국에서 처음으로 만들었다.

상황이 완전히 부합하도록 했다. 이것이 '가천의(假天儀)'의 원시적인 형태이다. 기계공업이 발전하기 2,000년 전의 중국에서 이처럼 정교한 계기가 발명되었다.

한나라의 학자 채옹(蔡邕, 132~192)[20]은 이 계기를 보고 나서 평생을 혼천의 아래에 누워 있고 싶다고 감탄했다는 것을 본다면 당시 장형의 위대함과 혼천의의 정교함을 알 수 있다.

별자리의 숫자가 많아지면서 성좌에 대한 구분도 점차 정밀해졌다. 『사기』의 「천관서(天官書)」에는 항성을 중(中), 동(東), 남(南), 서(西), 북(北) 등 오관(五官) 98개 성좌로 나누었고, 총 360개의 별을 기록했다. 『한서』의 「천문지(天文志)」에는 별 공간을 118개 성좌로 나누었고 총 783 개의 별이 망라되었다. 이런 구분은 아주 정밀한 구분이다.

중국인들은 이미 항성의 움직임과 날마다 북극성을 중심으로 회전한다는 것도 알고 있었다. 『논어(論語)』[21]에 '북극성[北辰]은 중간에 위치해 있는데 여러 개의 별이 에워싸고 있다'라고 했다.

500년경 조충지·조휜지 부자는 북극성이 바로 북극에 가까운 곳에 위치한 별이지만 북극과 북극성은 1도의 차이가 있다는 것을 측정했다. 남송에 이르러 1247년에 황상(黃裳)이라는 사람은 당시의 천문지식을 바탕으로 '천문도(天文圖)' 비석을 만들어 세웠다. 여기에 항성

---

20 채옹: 동한 시대의 문학가, 서법가로 수학, 천문학, 음악 등에 뛰어났다.

21 『논어』: 중국 유교의 근본 문헌. 유가의 성전이라고도 할 수 있으며 사서의 하나로 중국 최초의 어록(語錄)이기도 하다. 공자(기원전 551~기원전 479)의 가르침을 전하는 가장 확실한 옛 문헌으로 공자와 제자의 문답을 주로 다루고, 공자가 수시로 한 발언과 행적을 기록했다.

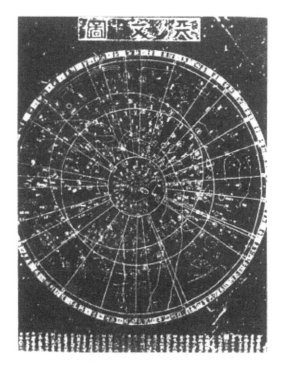

**절강성 소주에서 출토된 송나라 시대의 석각 천문도**

1,434개가 기재되어 있다. 이 비석은 지금도 소주(蘇州)의 문묘(文廟)에 간직되어 있다. 오늘날까지 세계에서 보존되고 있는 가장 오래된 별자리 그림이다. 이러한 것은 중국인들이 실사구시(實事求是)의 관측 정신을 가지고 있었음을 보여 준다.

중국에는 28수에 관한 설도 있다. 인도, 페르시아, 아라비아에도 28수에 관한 설이 있는데 매우 유사한 면이 많다. 이것으로 보아 중국인들과 예부터 상호 내왕이 있었음을 알 수 있다. 그러나 28수설을 누가 전해 주었는지는 현재로서는 결론 짓기 어렵다.

중국에서는 역법과 별 모양의 관측뿐 아니라 하늘의 형상도 기록했다. 이 기록은 세계 최초이며 상당히 상세했다. 중국의 천문 기록은 세계적으로 가장 상세하고 믿음직하며 그 연대가 가장 오래된 천문 역사라고도 할 수 있다.

이러한 천상(天象)에 대한 관측에서 '일식(日蝕)' 현상은 사람들에게 주목을 받았다. 밝은 대낮에 갑자기 태양이 보이지 않게 되고, 별들이 촘촘히 박혀 밤처럼 어둡다가 태양이 다시 나타날 때가 되면 새들이 짖어서 마치 새벽과도 같았으니 고대 사회에서는 대단히 놀랄 만한 일이었다.

중국인들은 자연현상의 관측과 연구에 대해 노력을 아끼지 않았다. 따라서 일식의 괴이한 현상은 자연히 모든 천상관측의 중심 문제가 되었다. 결과적으로 3,000년을 내려오며 세계적으로 가장 상세하고 신뢰할 만한 일식 기록을 남겼다. 은허 갑골문에는 이미 일식에 대한 기록이 있다.

『서경』의 「하서(夏書)」 윤정편(胤征篇)에는 당시 천문관이었던 희화(羲和)가 일식을 예고하지 않아, 백성들이 황당해하자 이를 이유로 임금인 중강(仲康)에게 살해되었다는 기록이 있다. 이것은 일식을 관측하고 예고하는 것을 대단히 중요시했기 때문이다. 이때의 일식은 기원전 2137년 10월 22일에 발생한 것이다. 만약 『서경』의 기록이 사실이라면 세계 최초의 일식 기록이 될 것이다.

『시경』의 「소아」에 '10월지교(十月之交) 삭월신묘(朔月辛卯)에 태양이 먹혔다'라는 기록이 있다. 이때의 일식은 주나라 유왕(幽王) 6년 10월(기원전 776)에 발생한 것이다. 이 또한 최초의 기록으로서 서방 최초의 기록인 그리스 사람 탈레스(Thales, 기원전 624?~기원전 547?)가 기록한 일식보다 191년이나 이르다.

『춘추(春秋)』[22]에는 242년 동안 37번의 일식이 기록되어 있고 그중 33번이 신빙성이 있다. 나머지 4회 중 2회는 중국에서는 볼 수 없었고, 2회는 달이 맞지 않아 일식이 없었다.

이런 잘못이 있게 된 원인은 후세 사람들이 죽간(竹簡)을 정리할 때 나타난 순서의 오류로 날짜가 바뀌었을 가능성이 있다. 『춘추』 최초의 일식 기재는 노나라 은공(隱公) 3년 2월삭(기원전 720년 2월 22일)에 일어난 것인데 지금부터 2,600여 년 전이다.

일식은 역대 사서 속에서 모두 고증이 가능하다. 춘추 시대부터 청나라 동치(同治) 11년(1874)까지 모두 985번의 일식 기록이 있다. 그중 연월이 맞지 않아 고증할 수 없는 일식은 8회밖에 되지 않는다. 이는 총 횟수의 1퍼센트도 되지 않는 것으로서 그 정밀도는 매우 정확하다는 것을 알 수 있다.

일식 기재에서 가장 많은 것은 태양이 전부 가려지는 일전식(日全蝕:

---

22 『춘추』: 현존하는 최초의 편년체 역사서로서 유가경전의 하나이다. 기원전 722년부터 기원전 481년까지의 주나라 왕실과 정치 군사 및 일식 지진 등 자연현상 등이 기록되어 있다. 해석과 보충된 내용에 따라 「좌씨전」, 「공양전」, 「곡양전」으로 나뉘었다.

개기일식)으로 총 기록의 60퍼센트 이상을 차지한다. 다음이 태양의 일부가 달에 따라 가려지는 편식(偏蝕: 부분일식)이며, 태양이 달의 주위를 둘러싼 것 같은 전환식(全環餘: 금환식)은 아주 드물다. 오스트리아 비엔나대학 교수였던 오벌스(V. Oppolzes, 1841~1886)의 『일식도표(日蝕圖表, Canon des Finsfenasse)』에서는 3,368년 기간 동안 전체 지구에서는 8,000번의 일식이 있었다고 한다.

중국인들이 부분일식을 개기일식보다 적게 기록했다. 이것은 부분일식을 볼 수 있는 지역이 제한되어 있고 식분(蝕分)의 정도가 약해 사람들이 주의를 하지 않았기 때문이다. 중국인들은 일식을 기록할 때 '일식이 3분(三分) 이하인 경우 기록하지 않는다'고 했다.

『당서(唐書)』[23]의 「천문지」에는 '개성(開成) 5년 10월 계묘(癸卯)에 태양 부근에 검은 기운이 스며들었다'라는 기록이 있는데 이를 일식이라고는 하지 않았다. 그러나 이날은 확실히 일식이 있었다. 오스트레일리아 동남 또는 중국 중원 지수에서 보면 일식은 1분도 되지 않았고 마치 검은 기운이 태양에 부딪히는 것 같았기 때문이다. 중국인들의 일식 기록은 천문사에서 가장 믿음직하고 풍부한 관측기록물이다. 따라서 역법을 연구하거나 일월의 운행을 계산할 때 아주 진귀한 참고자료로 이용되고 있다.

'혜성(彗星)'은 빗자루 성[掃帚星]이라고도 하는데 육안으로는 잘 볼

---

23 『당서』: 중국 당나라의 역사서로 이십오사(二十五史)의 하나이다. 『구당서』와 『신당서』 두 종류가 있다. 『구당서』는 오대 시대 후진의 유구 등이 200권으로 편찬했고, 『신당서』는 송나라 구양수 등이 225권으로 편찬했다.

호남성 장사의 마왕퇴3호에서 출토된 혜성도

수 없는 별이다. 고서인 『춘추』와 『서경』에서는 일찍이 혜성을 '패(孛)'라고 했다. 그 후 전국 시대에 이르러서야 비로소 '혜(彗)'라고 했다.

한나라부터 갑자기 나타났다가 없어지는 별을 '객성(客星)'이라고 했다. 객성에 관한 기록의 일부분이 바로 혜성이다. 『춘추』와 『서경』에서는 혜성에 대해 세 차례 기록했다. 전국 시대와 진나라 시기에는 혜성이 아홉 차례 나타났다. 서한과 동한 시대에는 혜성이 29차례 나타났고, 객성이 21차례 나타났다. 위, 진, 육조 시대는 혜성이 69번 나타났고, 객성이 13번 나타났다. 수·당나라 이후는 기록이 더욱 많아졌다.

근대에 망원경의 개발로 해마다 몇 번씩 혜성을 관찰할 수 있지만 눈으로는 잘 볼 수 없다. 명나라 이전에 중국에는 망원경이 없었으므로 사서에 기재된 혜성, 패성, 객성은 비교적 큰 것이었다.

혜성에는 아주 밝은 별이 있는데 서양에서는 이 별을 '핼리 혜성'이라고 했다. 17세기 영국 천문학자 핼리(E. Halley)가 발견해 이름 지은 것이다. 1682년에 핼리가 이 혜성을 발견한 후 서양의 관련된 기록을 연구했다.

1607년 케플러(Kepler, 1571~1630)[24]와 1531년 아피안(P. Apian)이 측정한 혜성의 궤도도 핼리 혜성과 비슷했다. 또한 1456년, 1301년, 1145년, 1066년에도 혜성이 나타났다. 당시 뉴턴(Newton, 1642~1727)[25]의 '만유인력법칙(萬有引力法則)'이 사람들에게 공인되고 있었다. 핼리는 이 혜성이 행성과 마찬가지로 태양을 돌며 그 주기는 76년가량이라고 했다. 이런 기록을 보면 혜성은 하나의 별이다. 핼리는 혜성의 주기를 제일 먼저 발견한 사람이다. 그래서 이 혜성을 '핼리 혜성'이라고 이름을 지었다.

그러나 중국 역사에서도 핼리 혜성에 대한 기재는 진시황 시대에 찾아볼 수 있다. 핼리 혜성은 진시황 7년(기원전 240)부터 청나라 강희 21년(1682)까지 모두 25번 나타났었다고 기록되어 있는데 모두 신빙성이 있다.

『사기』의 「진본기(秦本紀)」에 '진시황 7년에 혜성이 동쪽에서 나와

---

24 케플러: 독일의 천문학자. 신학을 공부하다 코페르니쿠스의 지동설에 감동받아 천문학으로 전향했다. 1595년 그가 추산한 최초의 천체력이 간행되었고, 1604년에 새로운 별(케플러별)을 발견했다.

25 뉴턴: 영국의 물리학자, 천문학자, 수학자. 근대 이론과학의 선구자. 수학에서 미적분법의 창시, 물리학에서 뉴턴 역학의 체계 확립, 그리고 거기에 표시된 수학적 방법은 진정한 자연과학의 모범이 되었다. 사상에서도 역학적 자연관은 후세에 커다란 영향을 끼쳐 근대과학의 원조가 되었다.

북쪽으로 사라졌다. 5월에는 서쪽에서 나타났다. 혜성은 다시 16일 서쪽 하늘에 나타났다'고 기록되어 있다. 이 기록의 연, 월, 날짜와 위치는 근대 과학자들의 계산과 완전히 일치한다. 지금 세계적으로 공인되고 있는 이 혜성 출현에 관한 기록이 역사적으로 가장 빠를 것이다. 그러나 중국 고대 역사에서는 이러한 기록이 매우 많다.

『춘추』에 노나라 문공 14년(기원전 613) 가을 7월에 '패성이 북두(北斗)로 들어갔다'라고 했다. 이는 세계 천문사에서 핼리 혜성에 대한 최초의 명확한 기록이다.

중국에는 심지어 기원전 7세기의 핼리 혜성에 관한 기록도 있다. 지금 천문학자들이 연구와 논증에 따라 『회남자』의 「병략(兵略)」에서 '무왕이 주(紂)를 토벌할 때 동남에서 새해를 맞았다. …… 혜성이 나타나자 은나라 사람들이 이를 구실로 삼았다'라고 한 것은 바로 기원전 1057년에 혜성이 나타났다는 기록인 셈이다.

근대 서양 천문학자들은 '중국 사서의 정확성과 정밀성은 서양사에서는 어림도 없는 일이다'라고 극찬하고 있다. 그리고 '기원전 1400년 이전 핼리 혜성에 대한 증거는 주로 중국의 관측에 근거한 것이다'라고 찬양했다. 이는 혜성에 관한 중국 역사의 기록이 세계 천문사에서 매우 진귀한 자료가 되고 있음을 보여 준다.

중국 역사에 기록된 객성은 그 대부분이 혜성이지만 일부분은 자연스럽게 갑자기 나타나는 새로운 별인 '신성(新星)'이다. 『한서』「천문지」에 무제 원광(元光) 원년(기원전 134) 6월에 '객성이 전갈자리 쪽에 나타났

신성 폭발을 기록(1054)한 『송회요』

다'라고 기록했다. 이는 세계적으로 새 별에 대한 가장 빠른 기록이다.

그리스 천문학자 히파르코스도 같은 시대에 이 별을 언급했으나 별의 위치는 기록하지 않았다. 그러므로 현대의 천문학자들은 모두 이 별을 중국 고대 천문학자들이 제일 먼저 발견한 것으로 인정하고 있다. 고대에 새 별의 출현은 대부분 중국 사서에 기재되어 있다. 『한서』「천문지」에 수록된 객성 중에 유명한 두 개의 새 별이 포함되어 있다.

태양의 '흑점[黑斑]'에 대한 관측에서도 중국의 천문학자들은 큰 기여를 했다. 태양의 흑점은 일종의 '태양폭풍'이다. 폭풍의 온도가 태의 다른 부분의 온도보다 낮으므로 태양의 흑점이 있는 곳은 비교적 어둡게 나타난다.

중국 사서에서 태양의 흑점을 처음으로 기록한 것은 한나라 성제(成帝) 하평(何平) 원년(기원전 28)이다. 『한서』 「오행지(五行志)」에서는 이해 3월 을미(己未)에 '태양에 검은 기운이 돌았다. 크기가 동전만 한 것이 태양의 중앙에 위치했다'라고 했다. 태양의 흑점에 관한 기록은 명과 청나라 때까지 지속되었다.

서양에서 태양의 흑점이 발견되기까지 중국 사서에는 101번의 관측 기록이 나타나 있다. 서양에서는 1607년 5월 이전에는 태양에 흑점이 있다는 것을 알지 못했다. 케플러가 태양의 흑점을 발견했는데 이것은 수성(水星)이 태양의 위치에 들어갔기 때문이라고 했다. 얼마 후 갈릴레이(G. Galilei)가 천문 망원경으로 이것을 똑똑히 관찰했다. 이로 보면 중국 고대의 천문학이 적어도 명대 이전에는 서양을 훨씬 앞질렀다는 것을 보여준다.

태양의 흑점은 흔히 무리로 생성되는데 일반적으로는 두 개의 흑점이 병존하며 두 흑점 간의 거리는 매우 근접해 있다. 그중 한 개 흑점은 원형(圓形)을 이루고 거무스레하다. 다른 한 개의 흑점은 일정하지 않은 원형으로 되어 있고, 크기가 좀 더 크지만 매우 어둡다. 그리고 두 흑점 사이에는 수많은 작은 흑점이 있으며 그 출현 시간도 매우 짧다.

중국 역사의 기록을 보면 태양의 흑점 모양은 잔, 복숭아, 배, 밤, 동전과 같은 '둥그런 형태'(제1유형)라고 했다. 육안으로는 하나의 원형을 갖춘 흑점만 볼 수 있고, 다른 한 흑점은 볼 수 없었을 가능성이 있다.

그리고 그 모양은 달걀, 오리알, 거위알, 오이, 대추 등 '타원형'(제2유형)이라고도 했다. 이는 두 흑점이 너무 가까이 접근해 모호하게 타원형으로 보였기 때문일 것이다.

태양의 흑점은 어떤 때는 계속 생겨나서 마치 기러기가 날아가는 모양으로 나타났다. 그래서 중국의 기록에 이것은 날아가는 까치, 날아가는 제비, 사람, 새 등 '불규칙적인 모양'(제3유형)이라고도 했다.

고대의 중국인들이 천상을 관찰할 때 육안에 의존하면서 이처럼 큰 성과를 거두었다는 것은 대단한 일이다. 햇빛이 강렬할 때는 육안으로 직접 관찰할 수 없었다. 그러나 흐리거나 아침저녁으로 햇빛이 어두울 때는 비로소 태양의 흑점을 관찰할 수 있었다.

태양의 흑점에 관한 사서의 기록은 '붉은 해가 빛이 없다.', '해가 뜨듯이 해가 지고' 등으로 기록되었다. 이는 중국인들이 천상에 대한 관측을 계속했음을 보여준다. 송나라의 정대창(程大昌, 1123~1195)[26]은 『연번로(演繁露)』에서 '일식을 볼 때는 커다란 대야에 기름을 부어 햇빛의 반사광을 보고 알았다'고 했다. 옛날 사람들이 태양의 흑점을 관찰할 때도 이 방법을 사용했을 가능성이 있다.

미국의 천문학자 헤일(G. E. Hale, 1868~1938)은 세계에서 유명한 태양분광 전문가이다. 그는 『우주의 심도(The Depths Of Universe)』라는 책에서 '중국 고대인들이 천상을 관찰하는 데 이처럼 정확하고 근면한 것은

---

26 정대창: 남송 때의 학자. 지리학 서적인 『우공산천지리도』가 있었으나 현재는 2권 28개 도편만 남아 있다. 『옹록』, 『연번로』, 『속연번록』, 『시론』, 『고고편』 등이 있다.

대단히 놀랍다. 그들이 태양의 흑점을 관찰한 것은 서방보다 약 2,000년 이른 것으로 많은 기록이 역사에 남겨져 있다. 그 정확성 또한 신뢰할 만하다. 그러나 서양 학자들이 이처럼 긴 시간 동안 어째서 한 사람도 태양의 흑점에 대해 관심을 돌리지 않았을까 하는 것은 이상하다. 서양인들이 17세기에 망원경을 사용한 후에야 비로소 태양의 흑점을 발견했다는 것은 이해할 수 없다'라고 했다.

중국인은 '유성군(流星群)'의 관측에서도 훌륭한 공적을 남겼다. 유성군은 마치 한 무리의 소행성이 흩어진 형태로서 일정한 궤도를 따라 태양을 돌고 있다. 그런데 지구가 그들의 궤도에 들어섰을 경우에 지구 주변의 공기는 이런 물체와의 마찰로 인해 열이 나고 빛이 나게 된다.

유성군을 '유성우(流星雨)'라고도 한다. 지면에서 관찰하면 한 무리의 크고 작은 유성이 종횡으로 수없이 널려 있어 마치 하늘의 어느 한 중심에서 사방으로 퍼져 나가는 것처럼 보인다. 만일 이 중심점이 천금성좌(天琴星座: vega)에 있을 경우에는 이를 '천금 유성군'이라 한다. 또한 중심점이 사자성좌(獅子星座 : regulus)에 있을 경우에는 '사자 유성군'이라 한다.

이러한 유성군은 모두 일정한 주기를 갖고 있다. 춘추 시대 노나라의 장공(庄公) 7년 4월 신묘(辛卯 : 기원전 687년 3월 23일) '밤에 운석이 비처럼 내렸다'라는 기록이 있다. 이것은 천금 유성군에 대한 세계 최초의 기록이다.

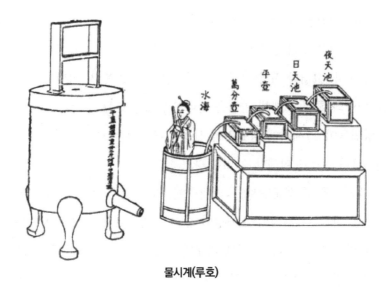

물시계(루호)

『오대사(五代史)』[27]「사천고기(司天考記)」에는 '당나라 명종(明宗) 장흥
(長興) 2년 9월 병술(丙戌)에 수많은 유성이 서로 교차되어 흘러 떨어졌
고, 정해(丁亥 : 17일)에도 수많은 유성이 교차되어 흐르면서 떨어졌다'
라고 기록되어 있다. 이는 사자성좌의 유성군에 대한 최초의 기록이다.
중국 역대 사서에는 유성군에 대한 기록이 아주 풍부하다.

중국인들은 '북극광(北極光)'에 대한 관찰과 기록에서도 매우 중요
한 기여를 했다. 중국 역사에서는 북극광을 붉은 기운[赤氣]이라고 했
다. 한나라 성제(成帝) 건시(建始) 3년 7월부터 청나라 강희 14년(기원전

---

27 『오대사』: 중국의 사서로 『구오대사』와 『신오대사』가 있다. 『구오대사』는 송나라 설거정 등이
150권으로 편찬했다. 『신오대사』는 송나라 구양수가 74권으로 편찬한 오대의 역사서이다. 오
대란 당나라의 송나라 시대에 있었던 후양, 후당, 후진, 후한, 후주를 말한다.

30~1675)까지 모두 53번이나 기록되었다.

천상을 관찰하기 위해 중국인들은 수많은 정밀한 천문계기를 끊임없이 창조했다. 고대에 시간을 계산하는 계기로는 '루호(漏壺)' 또는 루각(漏刻)이라고도 하는 물시계가 있었다. 이런 계기는 대략 춘추 시대 이전에 발명되었다. 호루에 관한 최초의 기록은 『주례(周禮)』[28]의 「하관(夏官)」에 있다.

고대에 '토규(土圭)'라는 태양의 길이를 재는 계기가 있었다. 「춘관(春官)」에는 '토규로 사계절과 일월의 길이를 측정했다'라고 기록되었다.

한나라에 이르러 장형이 만든 '혼천의(渾天儀)'는 후대의 천문학 연구에 새로운 길을 열었다. 그 후에도 각종 천문계기들이 끊임없이 발명되었다. 한나라의 낙하굉(洛下閎)이 발명한 '혼의(渾儀)'와 원나라 곽수경이 제조한 '간의(簡儀)'는 모두 중요한 공헌을 한 계기이다. 곽수경은 천문계기를 13가지나 만들었는데 모두 대단히 정교했다.

그리하여 『대영백과전서(大英百科全書)』에 곽수경이 제작한 천문계기는 덴마크의 천문학자 튀코 브라헤(Tycho Brahe, 1541~1601)[29]의 발명보다 300년이나 앞선다고 기록되었다. 지금 북경시 동성(東城)에 있는 옛 관상대에는 아직 역대의 천문계기 12가지가 진열되어 있다. 그중 곽수경이 제조한 계기도 들어 있다. 8국 연합군이 북경을 침공한 의

---

28 『주례』: 『주관(周官)』 또는 『주관경(周官經)』이라고도 불린다. 주나라 관제와 전국 시대 각국 제도를 모아 놓았으며 유가 사상 등을 기록한 42권으로 천, 지, 춘, 하, 추, 동으로 나뉘어 있다.

29 튀코 브라헤: 덴마크의 천문학자. 그의 관측 정밀도는 망원경이 발명되기 이전의 최대의 것이다. 그가 남긴 관측 자료는 케플러의 유명한 행성 운동의 기반이 되었다.

**혼의(왼쪽)와 간의**

화단 사건 이후 독일 침략군은 혼의 등 다섯 가지의 계기를 베를린으로 실어가서 포츠담 궁전에 진열했다가 제1차 세계대전이 끝난 다음에야 반환했다.

역법 방면에서 진(晉)나라 성제(成帝) 시대의 우희(虞喜, 281~356)[30]는 당시의 별자리 위치를 비교하면서 고대 별자리 위치와 다른 점을 발견했다. 그리고 연도 간의 날짜 차이를 발견했는데 50년마다 춘분점이 황도에서 서쪽으로 1도 움직인다고 했다. 이는 비록 서양의 히파르코스의 발견보다 400여 년 정도 늦었다고 하더라도 100년에 1도씩 차이가 생긴다고 한 히파르코스의 결론보다 훨씬 정확했다.

7세기 초 수나라의 유작(劉焯, 544~610)[31]은 연도와 날짜의 차이가 75년마다 1도씩 생긴다고 했다. 이는 실제와 거의 비슷하다. 이때 서양에

---

30 우희: 진나라 때의 천문학자.

31 유작: 수나라 때의 천문학자로 604년에 『황극력 (皇極曆)』을 편찬했다.

서는 100년에 1도씩 차이가 난다고 믿어왔다. 6세기 중엽에 북제(北齊) 의 장자신(張子信, ?~?)[32]은 동란을 피해 섬에 가서 살면서 30년 동안 '혼천의'로 일월오성(日月五星)의 운행을 관측했다. 1년 중에 태양이 하늘에서 운행하는 속도가 다르다는 것과 일식과 월식을 발견했다. 그는 '태양의 운행은 춘분이 지난 후에는 늦어지고, 추분이 지난 후에는 빨라진다. 삭월이 태양의 궤도에 들어서면 일식이 생긴다. 그러나 태양의 궤도 밖에서는 일식이 생기지 않는다'라고 했다.

장자신의 이 두 가지 발견은 그 후 역법과 일식의 예고에 큰 도움을 주었다. 당나라 현종(玄宗) 시대에 승려인 일행(一行, 683~727)[33]은 적도에서의 별자리 위치와 북극과 떨어져 있는 각도를 발견했다. 연도, 날짜의 차이가 고대와 같지 않은 것은 황도 위치가 움직였기 때문이다. 즉 건성(建星)은 옛날에 황도의 북반구에 있었지만 당나라의 관측에 따르면 황도 북쪽 4도반에 있었다. 항성들은 모두 이런 현상을 가지고 있다. 항성 자체가 천체에서 이동하는 항성 고유 운동 현상을 '항성본동현상(恒星本動現象)'이라 한다.

서양에서는 18세기 초에 영국의 핼리가 비로소 항성본동현상을 발견했는데 이는 일행의 발견보다 거의 10세기나 뒤떨어진 것이었다.

당나라의 다른 위대한 과학 성과로는 '자오선(子午線)'에 대한 측정을 들 수 있다. 『주비』로 천 리를 가면 태양의 그림자가 1촌(一寸)씩 차이가

---

32 장자신: 남북조 때 북제의 민간 천문학자이다.

33 일행: 당대의 천문학자이며 불학자이다. 본명은 장수(張遂)이다. 전국 규모의 천문대지를 측량하고 『대연력(大衍曆)』을 편찬했다.

난다고 했다. 이후 수나라에 이르러 유작이 이 수치는 믿을 수 없다고 하면서 수나라 양제(煬帝)에게 다시 한번 측정해 그 시비를 판단해 달라고 건의했으나 수양제는 그의 건의를 듣지 않았다.

100년이 지난 후 당나라 개원(開元) 12년(724)에 태사감(太史監) 남궁열(南宮說, ?~?)[34]이 유작의 주장을 받들어 하남성 일대 평지에서 먹줄[墨繩]을 사용해 거리를 측량했다. 그는 황하 북안의 활주(滑州)에서 시작해 변주(汴州), 허주(許州)를 거쳐 예주(豫州)에 이르렀다. 활주, 개봉(開封), 부구(扶溝), 상채(上蔡) 등 네 지역의 위도를 측량했다. 그 결과 자오선 1도의 길이는 351리 80보라는 결론을 냈다. 이는 세계적으로 자오선의 길이를 실제적으로 측량한 과학 활동이었다. 이 결과가 비록 아주 정확하지는 않았지만 측량 방법에서는 매우 큰 발전을 이루었다고 할 수 있다.

외국에서 최초의 자오선 측량은 회교왕 알 마문(Al mamun)이 827년 메소포타미아에서 실시한 것이다. 이는 남궁열보다 100여 년이 지난 후에 측량했다. 원나라에 이르러 곽수경이 또 한 번 중국의 위도를 측량하는 대공사를 벌였다. 그는 동으로 고려(高麗), 서로 양주(涼州), 성도(成都), 곤명(昆明), 북으로 러시아(구소련)의 바이칼호 북쪽 철륵(鐵勒)에 이르기까지 27개 지점을 선택해 22개의 관측소에 '관성대(觀星臺)'를 설치했다. 이 시기는 중국 고대 천문 연구의 번성기였다.

앞에서 말한 바와 같이 조충지 부자는 500년경에 이미 '북극성은 북

---

34 남궁열: 당나라 때 천문학자로 『인덕력(麟德曆)』의 개혁을 주장했고, 『을사원력(乙巳元曆)』을 편찬했다.

극과 1도 정도 거리가 있다'고 지적했다. 송나라에 이르러 심괄이 이 문제에 대해 다시 주의를 기울였다. 그는 하늘에서 북극의 위치를 측정하기 위해 세 달 동안 밤마다 북극성을 관측하며 200여 장의 그림을 그렸다. 이리하여 그는 당시 북극성이 북극과 3도가량 떨어져 있다고 했다.

중국은 천문 관측의 역사가 유구하므로 일찍이 천문대를 설치했다. 3,000여 년 전에 벌써 '주공관경대(周公觀景臺)'를 설치했다. 사서에 따르면 서주(西周) 초에 주공단(周公旦, ?~?)[35]은 낙양에 도읍을 건설하면서 지금 하남성 등봉현(登封縣) 동남쪽에 있는 고성진(告成鎭)에 관경대를 세웠다. 여기서 지구의 중심을 계산하고 태양의 그림자를 관찰해 사계절과 절기를 계산했다.

원래의 관경대는 벌써 없어졌지만 지금도 고성진에 가면 주공묘(周公廟) 앞에 관경대가 있다. 묘는 당나라 개원 11년(723)에 천문학자 승려인 일행과 태사감 남궁열이 역법을 개혁하려고 천문 관측을 진행할 때 주공의 옛날 제도를 모방해 세운 것이다. 이는 1,200년의 역사를 가지고 있다. 주공묘 뒤에 있는 관성대는 원나라 지원 연간 곽수경이 세운 관측소이다.

관성대는 벽돌로 만들어졌는데 관성대와 하늘을 재는 자인 '양천척(量天尺)' 두 개 부분으로 구성되어 있다. 관성대 위아래는 10도의 경사가 있고 관성대 북쪽 벽에는 수직으로 파인 홈이 있다. 이것이 태양의 그림자를 관측하는 '경표(景表)'이다. 홈 아래 북쪽으로 36개의 청

---

35 주공단: 중국 주대의 정치가. 주왕조의 창업군주인 문왕의 아들이며, 무왕의 동생이다.

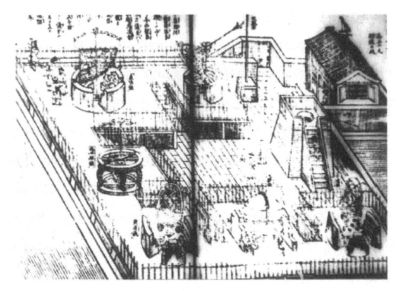

**고대 관성대의 모습**

색 돌로 이어져 있는 '석규(石圭: 하늘을 재는 자)'도 있다. 전체의 길이가 31.19m로 그 방위는 현재의 자오선을 측정하는 방향과 같다. 석규 표면에는 두 개의 평행된 물홈에 척도가 새겨져 있다. 두 물홈 간의 거리는 15cm로 물이 흘러 돌아 수평을 측정했다. 양천척과 경표로 구성된 측정 장치는 낮에는 태양의 그림자를 관측하고 밤이면 북극성과 북극을 관찰했다.

　곽수경은 당시 여기에서 태양의 그림자를 관찰했다. 이 관성대가 중국에서 가장 오래된 천문 관측 건물이다. 곽수경은 중국의 뛰어난 과학자 중 한 사람으로 천문·수리, 수학, 계기 제조 등에서 크게 이바지했다.

1986년 10월 31일 하북성 형태시(邢台市)의 서북 교외에 있는 달활천공원(達活泉公園: 곽수경의 고향으로 그가 수리 시설을 수축한 지방)에 곽수경 기념관을 세우고 4.1m에 달하는 동상을 세웠다. 조각상 뒤에는 11.69m의 높은 관상대를 세웠는데 관상대 위에는 양천척을 설치했다.

5세기 때 남경에는 '사천대(司天臺)'라는 건물이 있었다. 원나라 1279년에 북경에도 사천대를 세웠고, 낙양 등 다섯 곳에도 계기표를 설치했는데 이 또한 관상대이다. 명 1385년에는 남경 계명산(鷄鳴山)의 북극각(北極閣)에 관상대를 세웠다.

유럽에서는 15세기에 폴란드의 천문학자 코페르니쿠스(Copernicus, 1473~1543)가 비로소 처음으로 관상대의 중요성을 인식했지만 이는 중국보다 몇 세기나 늦다. 남경 관상대는 영국 그리니치 관상대(1670)보다 3세기나 빨랐으므로 세계 최초의 관상대이다. 당시의 관상대에서는 밤낮으로 하늘을 관측했다.

마테오 리치는 남경의 이 관상대를 보고 대단히 칭찬하며 감탄했다. 1668년에 남경 관상대의 계기는 북경으로 옮겨져 중앙 관상대가 되었다. 이것이 현재 북경 동성구역 포자하(泡子河)에 있는 옛 관상대이다. 지금 남경시의 자금산(紫金山) 천문대는 1933년에 세워진 것이다.

중국의 역법과 천문은 서한과 동한 시대에서 송·원나라에 이르기까지 각 시대마다 커다란 진보와 발전을 이루었다. 그러나 명나라에 이르러 점차 침체되었다. 명나라 말엽 서양인이 중국의 역법과 관측사업을 책임지게 되면서부터 심지어는 강희제 이후까지 일식과 같은 많은 천문 기록이 제대로 관측되거나 기록되지 못했다. 그 주요 원인은 명나라가 과거제를 제창해 팔고문(八股文)[36]으로 인재를 등용했기 때문에 지식인들은 모두 팔고문에 매달렸다. 청나라의 통치자들은 한족의 혁명이 두려워 더욱 팔고문을 중시했고, 천문, 역법과 각종 과학을 억제했다. 그러나 서양에서는 산업혁명이 일어난 후 생산력이 제고되어 근대과학의 부흥을 가져왔다. 갈릴레이는 망원경을 발명해 천문학자들이 깊이 있게 하늘을 관측하는 데 크게 이바지했다. 이에 비해 중국의 천문학은 갈수록 뒤떨어졌다.

---

36 팔고문: 중국 명·청대의 과거 시험을 보기 위해 만들어진 특별한 문장 형식이다.

제5장

지남침과 지남차

··· · ·

　지남침(指南針)은 나반침(羅盤針) 또는 나침반이라고도 불리는 일종의 자석이다. 지남침은 나반 한가운데에 자석 바늘의 중간을 떠받쳐 놓아 자유로이 회전할 수 있게 만들어 놓았다. 그리고 항상 북쪽을 가리키는 성질인 자석의 지극성(指極性) 때문에 바늘은 항상 자동적으로 남북을 가리킨다. 나침반이 정형화되기까지는 상당히 긴 시간 동안 발명과 개량을 했다.

　대체로 전국 시기 말엽 중국인들은 이미 자석과 자석끼리 또는 자석이 철을 끌어당긴다는 성질을 알았다. 『관자(管子)』[1]에서는 '위에 자석(慈石)이 있으면 아래에는 구리와 금이 있다'고 했다. 여기에서 말하는 자석이란 바로 지금의 자석(磁石)을 뜻하는 것으로 본다면 적어도 2,600년 전의 관중(管仲, ?~기원전 645)[2] 시대에 벌써 자석이 있음을 알 수 있다. 서양에서는 소크라테스(기원전 470~기원전 399)가 자석을 발견했다고 한다. 그러나 이는 중국보다 100년이나 늦다. 『귀곡자(鬼谷子)』[3]의 「반응편(反應篇)」에 '자석은 철을 끌어당긴다'고 했다. 대략 같은 시

1 『관자』: 전국 시대 제나라 학자들의 저술을 모은 책으로 관중이 24권으로 만들었다고 한다. 이후 서한 시대 유향이 68편으로 교정했다고 하는데 현재는 76편이 있다. 내용은 도가, 법가, 명가, 병가, 농가, 종횡가, 음양가 등의 사상과 천문, 지리, 역법, 경제, 농업 등이다.
2 관중: 춘추 시대 초기 제나라의 정치가로 출신이 빈천했으나 포숙아의 천거로 제나라 환공 시대 때 재상으로 임명되었다. 제나라의 정치·경제 및 군사 방면에서 개혁을 진행했다.
3 『귀곡자』: 초나라 사람 귀곡자가 지은 3권의 도가학설 저서이다. 남조 때 양나라 사람 도홍경 (陶弘景)의 주석이 있다.

기 또는 동한(東漢) 초엽인 50년경에 이르러 자석의 지극성을 발견했다. 중국인들은 자석의 지극성을 발견한 후 자석을 길잡이 도구로 이용했다. 옛날의 길잡이 도구로 '사남(司南)'이라는 것이 있었는데 전국 시대에 보편적으로 이용되었다. 『귀곡자』에는 '정나라 사람이 옥돌을 채취하러 가고자 할 때는 방향을 잃지 않으려고 언제나 사남을 가지고 다녔다'고 쓰여 있다.

『한비자(韓非子)』[4]에도 사남에 관한 기록이 있다. 왕충(王充)의 『논형(論衡)』[5]에서도 '사남 숟가락[杓]을 땅에 던지면 자루인 손잡이 쪽은 언제나 남쪽을 가리켰다'라고 서술되어 있다.

중국의 일부 학자들의 연구에 따르면 사남은 하나의 자석철로 만든 '숟가락'과 점치는 판인 '식(栻)'으로 구성되었다. 여기서 말하는 식 즉 '라경(羅經)'은 '지반(地盤)'이라고 부르는 네모난 목판 위에 천간(天干), 지지(地支)와 8괘를 새겨 넣은 것이다. 그리고 '천반(天盤)'이라고 하는 중간의 원형에도 천간, 지지와 그 외에 열두 달의 이름이 새겨져 있다. 이 판은 나무 또는 상아, 구리판으로 만들어져 자유로이 미끄러져 회전할 수 있게 되어 있다.

고서에서는 '자석 숟가락을 점치는 판인 식 위에 던져 회전시키고 난 후 정지했을 때 숟가락 손잡이가 가리키는 방향이 남쪽'이라고 했다.

---

4 『한비자』: 전국 시대 말 한비가 지은 55편의 책이다. 법가사상을 집대성한 것으로 법(法)·술수[述]·형세(勢)를 서로 결합시킨 정치학설을 기록했다.

5 『논형』: 동한 시대 왕충이 지은 30권의 저서로 현재는 84편이 남아 있다. 기(氣)를 만물 본체의 우주관과 인식론으로 삼았고, 당시 성행하던 천인감응설과 참위미신을 비판했다. 이단사설로 취급되었으나 송명 시대부터 점차 중시되었다.

| 월수<br>月數 | 지지<br>地支 | 천간<br>天干 | 월력<br>기호<br>歷名 | 괘명<br>卦名 | 옛 이름<br>古名 | 꽃이름<br>花名 | 법적이름<br>律名 | 문자적 이름<br>別名 |
|---|---|---|---|---|---|---|---|---|
| 正 | 인(寅) | 갑(甲) | 필(畢) | 태(泰) | 추(陬) | 다(茶) | 태주(太簇) | 端;元;<br>靑陽;三陽<br>孟陽;春王 |
| 二 | 묘(卯) | 을(乙) | 귤(橘) | 대장(大壯) | 여(如) | 행(杏) | 협종(夾鍾) | 中和;花朝 |
| 三 | 진(辰) | 병(丙) | 수(修) | 쾌(夬) | 숙(宿) | 도(桃) | 고세(故洗) | 上巳;寒食 |
| 四 | 사(巳) | 정(丁) | 어(圉) | 건(乾) | 여(余) | 괴(槐) | 중려(仲呂) | 淸和;麥秋 |
| 五 | 오(午) | 무(戊) | 려(厲) | 구(姤) | 고(皐) | 류(榴) | 유빈(蕤賓) | 蒲;天中<br>滿;端陽 |
| 六 | 미(未) | 기(己) | 측(則) | 둔(遯) | 차(且) | 하(荷) | 림종(林鍾) | 伏日;天贶 |
| 七 | 신(申) | 경(庚) | 실(室) | 부(否) | 상(相) | 동(桐) | 이측(夷則) | 巧;中元;蘭 |
| 八 | 유(酉) | 신(辛) | 색(塞) | 관(觀) | 장(壯) | 계(桂) | 남려(南呂) | 中秋 |
| 九 | 술(戌) | 임(壬) | 종(終) | 박(剝) | 현(玄) | 국(菊) | 무사(無射) | 重陽;菊秋 |
| 十 | 해(亥) | 계(癸) | 극(極) | 곤(坤) | 양(陽) | 매(梅) | 응종(應鍾) | 陽春;<br>小陽春; |
| 十一 | 자(子) | 갑(甲) | 필(畢) | 부(復) | 고(辜) | 동(冬) | 황종(黃鍾) | 仲冬;長至 |
| 十二 | 축(丑) | 을(乙) | 귤(橘) | 임(臨) | 서(徐) | 람(臘) | 제석(除夕) | 嘉平;淸祀 |

중국인의 천간지지와 괘

1940년대 말엽 중국의 학자 왕진탁(王振鐸)이 사남의 모형을 만들었다.

사남 숟가락은 중국 내외에 광범위한 영향을 끼쳤다. 1987년 8월 4일 상해의 『문회보(文匯報)』 제2면에 보도기사가 실려 있다. 항주대학 물리학계 왕금광(王錦光) 교수와 역사학계 문인군(聞人軍) 부교수는 『논형』에서 말한 '사남 숟가락을 땅[地]에 던졌다'는 것은 '못[池]에 던졌다'

**사남의 모형**

는 뜻으로 해석해야 한다고 지적했다. 그들은 또한 '사남을 지반에 던진 것이 아니라 수은 그릇[水銀池]에 던진 것이다'라고 하면서 실험으로 그들의 논의를 증명했다. 사남 숟가락을 땅에 던졌든지 못에 던졌든지 간에 일찍이 2,500년 전에 중국인들이 사남을 파악하고 사용했다는 것만은 의심할 수 없는 역사적 사실이다.

사남을 사용하자면 여러 가지 제한을 받았다. 그래서 중국인들은 끊임없이 새로운 발명을 연구해 길이가 2촌이고 넓이가 2푼인 얇은 철편을 물고기 모양으로 만들어서 자석화한 '지남어(指南魚)'를 만들었다. 이 지남어를 물그릇 위에 띄워 놓으면 남북극을 간단하게 찾을 수 있다.

지남어 다음으로 연구되어 발명된 것이 '지남침'이다. 지남침이란 자석화된 작은 철침인데, 손톱 위나 그릇 가장자리에 올려놓고 돌리거나 중간 구멍에 가는 줄기를 꽂아 물위에 띄워 놓으면 아주 활발하게

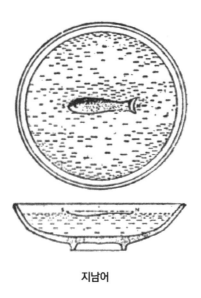

지남어

움직여서 남극을 가리켰다.

　지남침이 항해에 어떻게 응용되었는지는 역사적으로 명확하게 기록되어 있지 않다. 그러나 위나라, 진나라로부터 수·당나라에 이르기까지 오랜 역사 속에서 중국인들이 해상의 폭풍을 극복하면서 동남아와 인도양으로 나아가 평화적인 교역을 전개하는 데 커다란 기여를 했다. 이 시기에 지남침이 해상 선박의 항해에 이용되었음은 의심할 바 없다.

　11세기 말엽에 이르러 심괄(沈括, 1030~1093)은 『몽계필담』에서 지남침의 사용 문제를 언급했다. 마구 뒤흔들리는 배에서 자석침을 손가락이나 물그릇 위에 올려놓고 방향을 알아내려고 하면 떨어뜨리기 쉽고 매우 불편했다. 따라서 그는 밀랍을 입힌 실을 자석 바늘 중간에 꿰

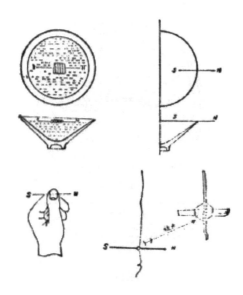

**지남철의 4가지 사용법**

어 공중에 달아 놓으면 회전이 비교적 잘 되어 아주 편리하게 사용할
수 있는 방법을 생각해 냈다. 지남침을 매다는 심괄의 이러한 방법은
기본적으로 근대 나침반의 구조를 확정하게 되었다.

심괄은 자석 바늘이 가리키는 방향은 정확한 남극이 아니라 약간 동
쪽으로 기울어져 있다고 지적했다. 이는 근대과학에서 일컫는 자석의 지
자편차(地磁偏差)[6]와 정확히 일치된다. 즉 중국의 양자강 유역에서 자석 바
늘은 동쪽으로 2도(漢口 지역)에서 4도(沿海 지역)로 기울어져 있다.

6 지자편차: 북극을 가리키는 진북과 나침반의 바늘이 가리키는 자북이 서로 일치하지 않고 약간
  어긋나 있는 각도 차이를 말한다.

**명나라 때 동으로 만든 나침반**

중국 송나라 시대 주욱(朱彧)[7]의 『평주가담(萍州可談)』(1119)에는 항해할 때 나침반을 사용한 세계 최초의 기록이 있다. 당시 그는 중국의 광주 지방 해상 선박에는 주사(광해)라는 직책을 가진 사람이 있다고 했다. 주사는 '밤에는 별을 관측하고 낮에는 해를 관측하며, 흐린 날씨와 어두운 밤에는 지남침을 보아 지리를 알아내는 사람'이었다.

또한 송나라 1123년에 바다를 경유해 고려에 간 서긍(徐兢)은 그의 저서 『고려도경(高麗圖經)』[8]에서도 이와 유사한 기록을 남겼다. 이로 보아

---

7 주욱: 북송 때의 지리학자로 『평주가담』을 저술했다. 이 책에는 광주 지역의 외국 상인과 시박(市舶)의 상황 및 나침반 사용에 관한 내용이 상세하게 기록되어 있다.

8 『고려도경』: 송나라 휘종이 고려에 사신을 보낼 때 수행한 서긍이 송도에서 보고 들은 것을 그림과 함께 기록한 40권의 책. 원명은 『선화봉사 고려도경(宣和奉使 高麗圖經)』이다.

정화(鄭和)의 항해도

당시 항해에 종사하던 사람들은 이미 나침반에 관한 과학적 지식을 알고
있었으며, 파도를 헤쳐나가는 데도 널리 응용됐음을 알 수 있다.

　서양과 아라비아의 문헌 속에서 나침반에 관한 최초의 기록은 약
1200년경이므로 중국보다 늦다. 당시 중국의 큰 배들로 구성된 상
선 함대는 동남아시아와 인도양에서 활약했다. 당시의 중국 선박들
은 구조가 튼튼하고 돛대가 많았다. 또한 부피가 굉장히 커서 한 배에
500~600명이 탈 수 있었고, 30만 근까지도 실을 수 있었다. 항행과 조
선 면에서 지남침과 피수(避水) 창고를 갖추고 있었으므로 항해가 비교
적 안전했다. 선박들은 암초에 부딪혀 침몰하는 위험을 피하려고 선창
에 서로 물이 통하지 않는 10여 개의 피수 창고인 격벽(隔壁)을 만들어

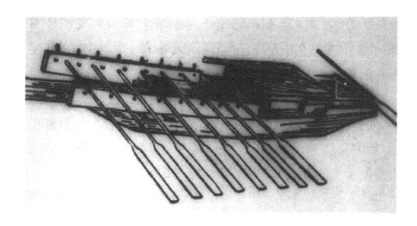

**호남성 장사에서 출토된 한나라 선박**

놓았다. 유럽에서는 이러한 방법을 근대에 와서야 사용했다.

항해와 조선기술에 중국인들은 돛을 가진 해선(海船)의 조선기술에서 최고봉에 달했다. 유럽 각국은 18세기에도 해선의 돛대가 세 개밖에 되지 않았지만 중국에서는 13세기 때부터 돛대가 10개씩이나 되는 큰 선박이 사용되었다.

당시 페르시아 선박과 아라비아 선박은 부피가 대단히 작았을 뿐만 아니라, 조선에서도 철못을 쓸 줄 모르고 단지 야자나무 껍질로 밧줄을 꼬아서 선박 판을 봉하고 기름을 먹인 다음 점성토로 틈을 메웠을 뿐이었다. 따라서 배가 튼튼하지 못했고 폭풍에 저항하는 힘도 강하지 못했다. 그러므로 당시 페르시아와 아라비아 선박은 페르시아만이나 홍해로 나아가기가 어려웠다.

인도양을 왕래하던 선박들은 중국의 대선박이었다. 당송 시대에는 아라비아, 페르시아, 로마에 '바닷길'을 통해 중국과 장사를 하던 상인이 많았다. 그들은 대부분 비교적 안전한 중국 선박을 이용했다. 당시 광주, 천주, 양주는 모두 대외무역 통상 항구로서 외국 상인들의 거주 인구 숫자가 광주에만 12만 명에 달하던 시기도 있었다.

남송 시대는 통상의 세관 수입이 국고 수입의 20분의 1이나 차지했다. 이처럼 번화한 통상 무역에서 나침반은 자연스럽게 페르시아, 아랍과 유럽으로 전해지게 되었다.

중국인들은 자석을 이용한 나침반을 만들어 인류가 항해할 때 겪었던 어려움을 극복할 수 있게 했다. 그리고 자석의 지극성이 발견되던 무렵 동한 시대의 장형은 기계적인 구조를 이용해 '지남차(指南車)'를 창조했다. 그러나 장형의 이 방법은 전해지지 않는다.

다른 하나는 이보다 4,000년 전에 황제(黃帝)와 치우(崔尤)가 서로 싸움할 때 치우가 안개를 피우자 황제의 군대가 안개로 인한 길 잃음을 피하기 위해 지남차를 만들었다고 한다.

또 다른 설에 따르면 3,000년 전 주나라 성왕(成王) 시대에 남방의 씨족 월상씨(越裳氏: 현 베트남, 광서, 광동 등지)가 호경(鎬京)에 왔었다. 그때 주공(周公, ?~?)[9]은 그들이 돌아갈 때 미로에 대비해 방향을 찾는 도구로 지남차를 그들에게 선물했다고 한다.

---

9 주공: 주대(周代)의 정치가. 고대 정치·사상·문화 등 다방면에 크게 공헌해 유교학자에게는 성인으로 존숭받고 있다. 저서로 『주례(周禮)』가 있다.

그러나 중국의 역사 기록 중에서 지남차 제작에 대한 확실한 근거는 삼국 시대 235년에 위나라의 마균(馬鈞)이 지남차를 만들었다는 것이다. 위나라 명제(明帝)가 황제용으로 사용했는데 나라가 바뀌는 변란 속에서 없어져 버렸다. 그 후 많은 사람들이 계속 연구해 성공적으로 지남차를 만들었다. 이것이 후조(后趙) 시대(333~349)의 위맹(魏猛)과 해비(解飛)의 지남차이다.

후진 시대의 영호생(令狐生), 남조 송(宋) 시대의 조충지도 지남차를 만들었다. 그러나 북송 시대의 연숙(燕蕭, 1027), 오덕인(吳德仁, 1107)이 만든 지남차가 처음으로 역사에 상세하게 기록되어 있다. 『송사(宋史)』[10]의 「여복지(與服志)」 편에는 지남차의 구조를 상세하게 설명하고 있다.

지남차의 수레 위에는 한쪽 팔을 쳐든 사람 형상의 나무를 세워 놓았다. 그리고 수레가 어느 방향으로 움직이든지 간에 나무 사람의 손가락은 항상 정남 쪽을 가리키게 되어 있다. 이러한 주요한 원리는 수레 위에 있는 기계의 제어에 의한 것이다.

이 기계는 다섯 개의 기어로 구성되어 있다. 수레 한가운데에 큰 기어가 설치되어 있고 기어축 위에 나무 사람을 세워 놓았다. 그래서 큰 기어가 몇 도를 움직이느냐에 따라 나무 사람도 그 각도만큼 움직이게 되어 있다. 큰 기어 양쪽에는 각각 작은 기어 두 개를 설치해 '차동(差動)' 기어 원리를 이용했다.

---

10 『송사』: 원나라 탈탈(脫脫) 등이 편찬한 496권으로 송나라 시대(960~1279)의 역사를 기록한 역사서이다.

지남차 모형(1027)

수레바퀴가 회전할 때 수레가 왼쪽(또는 오른쪽)으로 돌면 큰 기어는 오른쪽(혹 왼쪽)으로 돌게 된다. 회전 각도는 수레가 도는 각도와 일치한다. 따라서 큰 기어축의 방향은 언제나 변함이 없다. 이런 장치 때문에 수레가 돌 때 그 위에 설치한 큰 기어축 위의 나무 사람의 팔은 항상 남쪽을 가리키게 된다.

중국인들은 1,800년 전에 벌써 기어를 만들어 냈으나, 서양에서는 약 100년 전에 비로소 과학적인 차동 기어 원리를 발견했다. 영국의 과학자 란체스터는 중국의 지남차에 대해 상세하게 연구했다. 1947년 2월에 자기의 연구 결과를 발표하면서 서방 나라들이 최근 1960년에 와

서야 알게 된 과학적 원리를 중국인들은 벌써 4,000년 전에 알고 응용했다고 서술했다.

# 제6장

## 제지술과 인쇄술

• • •

　중국은 예부터 수많은 서적을 보유하고 있으며 유서 깊고 풍부한 문화를 보존해 왔다. 그뿐만 아니라 제지술과 조각판 인쇄, 활자 인쇄의 발명은 서적을 전파하는 데 커다란 기여를 했고, 문화의 보급을 더욱 쉽게 했다. 따라서 제지술과 인쇄술의 발명은 세계 문화를 발전시키는 데 중요한 역할을 했다.

　고대 씨족사회에서 중국인들은 간단한 부호(符號)를 사용하며 중요한 일을 기록했다. 처음 각 씨족들은 서로 다른 각자의 부호문자를 사용했다. 「한시외전(韓詩外傳)」에는 '전설에 공자가 태산에 갔었는데 공자 또한 봉선(封禪)에 대해 돌에 새긴 문자를 다 알아보지 못했다'라고 쓰여 있다. 『관자』에서는 '관중(管仲)도 태산의 72가지 봉선에 대해 기록한 석각문자를 12가지밖에 알아보지 못했다'라고 했다. 이후 진시황은 6국을 통일하고 문자도 통일시켰다.

　고대의 부호문자의 재료는 거북이 껍질[龜甲]이나 소뼈[牛骨]로, 그 위에 부호를 새겼다. 지금의 하남성 안양(安陽) 소둔촌(小屯村)과 그 주위의 은허에서 1899년에 점치는 점복의 사(辭)인 갑골이 발견되었다. 그 후 1928년부터 지금까지 궁실, 능묘, 노예들의 무덤, 작업장, 거주지의 유적, 생산도구, 생활용품, 악기 그리고 부호를 새긴 갑골들이 대량 발견되었다. 은허는 상나라 후기 반경(盤庚)부터 제신(帝辛)까지의 도읍으로

273년간의 유적지이다. 갑골문자는 3,500여 년 전 상(商)나라의 역사를 기록한 문자이다.

이후 사회가 발전하면서 문자를 기록한 재료에 새로운 변화가 나타났다. 약 3,000년 전 무렵 죽간(竹簡)과 목간(木簡)이 나타났다. 중국인들은 대나무를 몇 푼 너비에 한두 자 길이로 쪼개 죽간 하나에 여덟아홉 자에서 30~40자씩 기록한 다음 가죽끈이나 실줄로 옆으로 뚫고 상하 양쪽을 묶어 '편(編)'으로 만들었다.

지금 한자의 '책(冊)'은 죽간의 상형문자에서 유래된 것이다. 죽간이나 목간에는 주로 칼로 문자를 파서 새긴 것 외에 납을 쓰거나 천연적인 검은 나무즙을 사용해 칠(漆)을 해놓았다. 1900년에 만리장성 유적에서 발견된 목간의 대부분은 한나라 때의 유물이었다. 이런 죽간으로 만들어진 서적은 당시 보급 지역이 넓지 않고 기록도 복잡하지 않았다.

춘추·전국 시대를 지나 진나라·한나라의 통일은 문자의 형식을 점차적으로 일치시켰다. 고대 중국 사람들은 문자를 창조한 사람들을 마치 복희(伏羲)[1] 나 창힐(倉頡)[2]과 같은 신화적 인물로 만들어 칭송했다. 그리고 춘추·전국 시대 이후부터 사람들의 생활 영역이 점차적으로 넓어지게 되었다. 이에 기록물을 가지고 다니기 편리하게 하기 위해 비단이나 죽간, 목간으로 책을 만드는 것이 점차 보편화되었다. 『묵자』와 『논어』에서는 모든 기록을 비단에 썼다고 한다. 이렇게 비단이 이용되면서

---

1 복희: 요순 시대 사냥의 기술을 창안했다고 하거나 선박을 관리하는 관원이었다고 전해지기도 하는 전설상의 인물로 여러 가지 설이 많다.

2 창힐: 전설상 황제 때의 사관(史官)이었다고 하며, 한자를 발명했다고 전해진다.

진나라 시대의 몽염(蒙恬, ?~기원전 210)[3]은 붓을 만들었으며, 석묵(石墨)으로도 글을 적었다. 후에 어떤 사람들은 소나무 연기와 오동나무 석탄으로 만든 먹을 사용하기 시작했다 한다. 대체적으로 기원전을 전후로 죽간 대신 비단이 사용되었다.

중국에서는 몽염이 처음으로 붓을 만든 시조로 전해진다. 지금 유명한 호주붓[湖筆]의 산지인 절강성 호주(湖州)의 작은 진(鎭)인 선련(善連)에는 몽계(蒙溪)라는 시냇물이 있다. 시냇물 옆에 몽공사(蒙公祠)가 있는데 여기에 몽염 부부의 조각상이 있다. 전하는 바에 따르면 몽염이 진시황을 따라 남하해 회계(會稽) 땅에 닿은 후 선련진에서 부인과 함께 붓 만드는 기술을 가르쳤다고 한다. 붓의 발명은 고대 문화 발전에 큰 기여를 했다.

비단은 비록 죽간이나 목간보다 사용이나 휴대가 편리했지만 원가가 너무 높아 보급이 쉽지 않았다. 그래서 한나라 400년간 중국인들은 비싼 비단 대신 값싼 비단 대용품을 찾기에 주력했다.

한나라 성제(成帝) 연간(기원전 12)에 나온 '혁제서(親蹄書)'와 가규(賈逵, 60년 무렵)[4]의 '간지(簡紙)'는 모두 종이와 비슷한 얇은 천이었다. 『한서』「외척전」에는 '혁제서는 얇은 종이다'라는 기록이 있으나 혁제는 비단을 짜는 데서 나온 부산물이었으므로 실제로 종이라고는 할 수 없

---

3 몽염: 진시황 때의 장수로 붓을 개량했다. 기원전 215년에 30만 대군을 이끌고 흉노를 정벌해 내몽골 지구를 점령했다. 그리고 흉노를 막기 위해 본래의 장성을 고쳐서 만리장성을 쌓았다고 한다.
4 가규(30~101): 동한 시대 경제가이며, 천문학자이다.

었다. 고대에는 면화가 없었으므로 사람들은 모두 비단옷을 입고 다녔다. 그들은 비단을 만들 때 누에고치를 삶아서 돗자리 위에 펴놓은 다음 강물에 적셔 두드려서 현란한 실을 뽑았다. 누에고치는 아교질이 있어 두드리면 그 끈끈한 아교질이 자리 위에 달라붙는다. 이렇게 두드려 실을 뽑은 다음 돗자리의 실을 거두고 나면 자리 위에 가느다랗고 찐득찐득한 엷은 실들이 붙어 있는데, 이것이 바로 '혁제'이다. 혁제는 값이 비단보다 훨씬 싸면서도 글을 쓰는 데는 비단과 큰 차이가 없었으므로 사람들은 점차 혁제를 많이 사용했다.

허신(許愼, 30~124)[5]의 『설문해자(說文解字)』[6]에 '지(紙)는 서(絮), 점(苫)이다'라고 했다. 단옥재(段玉裁, 1735~1815)[7]의 주(住)에서도 종이는 실솜을 사용했다 했다. 이러한 종이는 진짜 종이는 아니었지만 후에 종이를 만드는 방법에 대단한 기여를 했다. 한자에서 종이라는 '종이 지(紙)' 자의 실사변은 바로 종이가 나오게 된 근원을 밝혀주고 있다.

20세기에 들어 고고학의 발굴 성과에 따르면 서한 시기에 이미 삼으로 만든 종이[麻紙]가 있었다고 한다. 이는 기원전 2세기 무렵에 중국인들이 이미 종이 만드는 방법을 발명했음을 증명해 주는 것이다.

---

5 허신: 후한의 경학자. 상세하고 정치한 학풍은 특히 문자학에 대해 조예가 깊었다. 저서로 『설문해자』, 『오경이의(五經異義)』(10권)가 있으나 『오경이의』는 전해지지 않는다.

6 『설문해자』: 30권으로 허신이 지은 책이다. 한자의 형(形), 의(義), 음(音)을 체계적으로 해석했다.

7 단옥재: 청나라 때의 학자. 한나라의 허신이 지은 『설문해자』의 주서 30권을 저술함으로써 난해한 설문 주석에 획기적인 업적을 남겼다. 이외에도 『고금상서찬이』(32권)·『춘추좌씨경』(12권) 등의 저서가 있다.

한나라 때의 제지 공정도

동한 시대에 채륜(蔡倫, ?~121)[8]은 중국인들이 삼으로 종이를 만들었던 경험을 모아서 제지술을 더욱 발전시켰다. 채륜은 동한 시대 명제(明帝) 때의 총명한 환관이었다. 그는 화제 연간에는 중상시(中常侍)에서 어용기물을 만드는 것을 책임지는 상방령(尙方令)을 지냈고, 안제(安帝) 원초(元初) 원년(114)에 용정후(龍亭候)로 임명되었다.

『후한서』[9] 「채륜전」에는 '예부터 서책은 대개 죽간이었고, 겸백(縑帛)을 종이라고 했다. 비단은 값이 비싸고 죽간은 무거워 아주 불편했다. 그래서 채륜은 나무껍질, 삼뭉치, 헝겊 조각 따위로 종이를 만들었다'고 기록되어 있다. 화제 원흥(元興) 원년인 105년에 채륜은 종이를 만드는 과정과 방법, 그리고 종이를 진나라 조정에 올렸다. 대신들은 채륜을 종이의 발명가로 인정하고, 그가 만든 종이를 '채후지(蔡侯紙)'라고 불렀다. 그러나 10여 년이 지난 후 채륜은 궁정의 시비에 말려들어 121년에 독약을 마시고 자결했다. 채륜은 비참하게 인생을 끝냈지만 인류에 대한 그의 공적은 역사에 남아 있다.

채륜이 만든 종이는 이후 같은 시대의 좌백(左伯)과 우수한 제지 전문가들의 끊임없는 개조를 거쳐 생산량을 많이 늘렸다. 3국 시대에는 채후지 외에도 볏짚으로 만든 초지(草紙), 삼으로 만든 마지(麻紙), 나무로 만든 각지(穀紙)와 고기그물로 만든 망지(罔紙) 등이 있었다. 진나라

---

8 채륜: 후한 중기의 환관. 종이의 발명자. 그는 삼[麻] 부스러기·고포(古布)·어망(漁網) 등을 재료로 하여 종이를 만들어 105년 화제(和帝)에 헌상했다.

9 『후한서』: 후한의 정사. 120권. 남북조 시대에 송의 범엽(范曄)이 저술한 책으로 후한의 13대(代) 196년간의 사실(史實)을 기록하고 있다.

「천공개물」

시대에는 제지술이 크게 발전해 식물섬유로 만든 '염계등지(剡溪藤紙)'가 유명했다.

위진 시대가 지나서야 비로소 비단 대신 종이를 사용하게 되었다. 중국인들은 종이에 먹물이 쉽게 스며들게 하기 위해 석고 가루나 이끼 액 등 기타 분말을 종이 위에 풀칠하는 방법도 발명했다.

명나라 시대에 송응성(宋應星, ?~?)[10]의『천공개물(天工開物)』[11] 제13권 「살청」에서는 대나무 종이와 가죽 종이를 만드는 과정과 도구 및 지조

---

10 송응성: 명말의 대표적인 기술자. 그의 명저『천공개물』은 서문을 1637년에 썼으므로 이즈음의 작품일 거라고 추측한다.『천공개물』만이 남아 있고,『화음귀정』·『잡색문원모』·『치언십종』등은 현존하지 않는다.

11 『천공개물』: 송응성이 지은 경험론적 산업기술서이다. 1637년 3권으로 간행되었다. 상권은 천산(天産)에 관해, 중권은 인공(人工)에 의한 제조에 관해, 하권은 물품의 공용(功用)에 관해 서술하고 있다.

(紙槽), 홍로(烘爐) 등의 구조 및 모든 것이 세밀하게 묘사되어 있다.

서진(西晉) 시대 이후부터 대나무를 원료로 종이를 대량으로 생산하기 시작했다. 대나무 종이의 생산은 제지업 생산을 새로운 단계로 끌어올렸다. 당나라 이후 양자강 유역에는 대나무가 많이 생산되었으므로 제지업이 급속히 발전했다. 원나라 시대 강서성의 제지업은 전국적으로 중요한 자리를 차지했으며, 명나라 때는 전국 제지업의 중심지로 자리 잡았다. 복건성, 절강성, 안휘성과 호남성 또한 장구한 제지업의 역사를 갖고 있다.

중국 초기에 제조된 종이는 상인들에 의해 육로로 신강(新疆) 일대(450년경)를 넘어 중앙아시아(650년경), 아라비아(707), 이집트(880), 에스파냐(950)를 거쳐 유럽으로 전해졌다. 역사적으로 이탈리아는 1154년, 독일은 1228년, 영국은 1309년에 이르러서야 종이를 알게 되었다고 한다.

유럽 각국에서 종이를 만들기 시작한 것은 에스파냐가 1150년, 프랑스에서는 1189년, 이탈리아에서는 1276년, 독일은 1391년, 영국은 1494년이었고, 북아메리카에서는 1690년에 이르러 제지 공장을 세웠다. 당시 이들이 생산한 종이는 그 두께나 질에서 4~5세기에 중국에서 생산된 종이와 비슷했다. 유럽 각국이 종이를 발명한 것은 중국에서 제지술이 발명된 지 1,000년 후의 일이었다.

중국의 제지술이 유럽에 전파되기 이전에 유럽 사람들은 이집트의 '초지(草紙)'와 '양가죽 종이[羊皮紙]'를 사용했다. 초지라는 뜻의 파피루

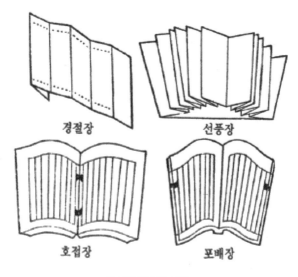

경절장 선풍장

호접장 포배장

**책 제본의 여러 형태**

스는 나일강 기슭의 야생풀 줄기에서 껍질을 벗겨 한 겹 한 겹 붙여서 누른 다음 말린 것으로 쉽게 부서졌기 때문에 이후 중국의 종이가 유럽으로 들어가자 초지는 사라져 버리게 되었다.

양피지란 털을 없앤 반들반들한 양가죽을 말한다. 성경 한 권을 베끼려면 무려 300여 장의 양피지가 들었다고 하는데 원가가 너무 비쌌다. 그러므로 당시 유럽의 도서관에서는 책을 잃어버릴 위험성 때문에 책이 든 책상을 쇠사슬로 묶어 놓았고 책값이 너무 비싸 학생들도 책을 살 수 없었다고 한다.

중국의 종이가 유럽에 전파되고 보급되면서 유럽 사람들은 독서에 대한 관심과 수준도 높아지게 되었고, 문화의 교류와 교육 방면에서도 커다란 기여를 하게 되었다. 중국의 제지술이 유럽에 큰 영향을 주었음을 알 수 있다.

중국 고대에는 비단에 글자를 한 단락마다 기록해 한 권으로 만들었다. 이로 인해 책을 뜻하는 '권(卷)' 자가 현재까지도 사용된다. 그리고 5권 또는 10권을 한 묶음으로 하여 보관했는데 이를 '제질(綈帙)'이라고 했다. 즉 후에 말하는 장서한다고 하는 '함(函)'의 기원이 되었다. 비단 책자는 죽간보다 훨씬 간편했지만 이후 문자 기록이 점점 많아지게 되자 비단책 한 권 속에서 어느 한 단락을 찾자면 전체 권을 다 뒤져야 하므로 대단히 번잡스러웠다.

이로 인해 중국에서는 대개 8세기 후부터 비단책을 수첩처럼 접어 묶는 '선풍엽(旋風葉)' 방법이 등장했다. 이런 방법은 당나라 중기에 아주 보편화되었다. 그러나 조판 인쇄로 책을 대량으로 발행하는 방법이 나오면서 인쇄가 편했으므로 비단책자나 선풍엽 방법은 선장본(線裝本)으로 대체되었다.

돈황석굴에서는 5세기 초부터 10세기 말까지의 고서 1만 5,000여 권이 발견되었다. 이 돈황문서는 프랑스인 폴 펠리오(Paul Pelliot, 1878~1945)[12]와 영국인 스타인(Stein, 1862~1943)[13]에 의해 파리 도서관

---

12 폴 펠리오: 프랑스의 동양학자. 하노이의 프랑스 극동학원 교수를 거쳐(1901), 1906~1909년에 중앙아시아 각지를 답사했다. 특히 돈황의 천불동(千佛洞)에서 수많은 고문서, 사본, 목간, 그 밖에 많은 것을 수집했다.

13 스타인: 헝가리 태생의 영국의 고고학자, 동양학자, 탐험가이다. 3회에 걸쳐 중앙아시아 탐험을 행했다. 2차 탐험 때 천불동을 발견했다.

과 대영 박물관으로 옮겨졌다.

옛날의 책은 모두 손으로 베낀 것이다. 한나라 영제 희평(熹平) 4년 (175) 당시에 가장 유행하던 경전을 잘못 베끼는 현상을 방지하기 위해 태학(太學) 문 앞에 채옹(蔡邕, 132~192)[14] 등이 표준으로 하여 새겨서 만든 석경(石經)[15]을 세워 놓았다.

채옹은 동한 시대의 유명한 문학가이며 서예가였는데 그의 딸은 채문희(蔡文姬)이다. 채옹이 쓰고 새긴 6경을 '희평석경(熹平石經)'이라 부른다. 채옹은 동탁(董卓, ?~192)[16]에게 중용되었으나 왕충(王充, 30?~100?)[17] 이 동탁을 주살한 후 옥사했다.

당시 전국 각지의 선비들이 다투어 채옹의 석경을 모사했는데 그중 석경을 찍어내는 방법을 발명했다. 찍어내는 방법은 먼저 축축한 종이를 석경에 붙인 다음 면 방망이를 이용해 두드리면 새겨 놓은 글자는 쏙 들어가 모양대로 종이에 깨끗하게 비석 탁본이 되었고, 이를 약간 말린다. 다음에 종이 위에 솔로 먹을 엷게 고루 칠하면 옴폭 파인 글자

---

14 채옹: 후한의 학자, 문인, 서예가. 젊어서부터 박학하기로 이름이 높았고, 문장이 뛰어났다. 175년 제경(諸經)의 문자평정(文字平定)을 주청해 스스로 돌에 새긴 후 태학(太學)의 문밖에 세웠다. 이른바 「희경석경」이다. 저서로는 조정의 제도와 칭호에 대해 기록한 「독단(獨斷)」·「채중랑집」이 있다. 또 비자체(飛自體)를 창시했다.

15 석경: 중국에서 경전을 돌에 새겨 표준으로 함과 동시에 후세에까지도 전하려고 한 것. 유교의 경서에서 비롯되어 불교와 도교에서도 이를 따랐다.

16 동탁: 후한 말 군웅의 한 사람. 처음 강족(羌族)의 추장을 회유해 세력을 길렀다. 189년 외척 하진(何進)이 환관을 토벌하고자 할 때 이에 호응해 군사를 거느리고 낙양으로 향해 헌제(獻帝)를 옹립한 뒤 정권을 잡았다. 그 후 횡포가 심하여 사도(司徒) 왕윤(王允)의 모략에 걸려 부장 여포(呂布)에 의해 살해되었다.

17 왕충: 후한의 사상가. 유명한 역사가 반고(班固)의 부친 반표(班彪)에게 사사했다. 대표적 저서로는 「논형(論衡)」(85편)이 있다. 「양성서」·「정무서」 등을 저술했으나 현존하지 않는다.

에는 먹이 묻지 않아 마치 검은 종이에 흰 글자를 찍어 놓은 것과 같아진다. 이렇게 찍어내면 베끼는 것보다 간편하고 원래의 글체를 보존할수 있다. 이것이 조각판 인쇄의 시작이라고 할 수 있는데 인쇄(印刷)라는 글자가 여기에서 유래된다.

그 후 각 시대마다 석경 조각이 있었지만 실질적인 조각 인쇄는 수나라 때부터 시작되었다. 문장을 돌 비석에 새기는 것은 돌이 무겁고 노력과 비용이 많이 소요되었다. 수나라 때 돌비석 대신 목판 인쇄를 하면서 조각판 인쇄가 비로소 발전하기 시작했다.

조각판 인쇄는 글을 쓴 얇은 종이를 뒤집어 나무 판에 붙인 후 글자가 없는 부분을 칼로 파서 글자가 도드라지게 한다. 다음 그 위에 먹을 칠한 후 흰 종이를 붙인다. 그리고 종이 뒷면을 고루 누르거나 두드리면 조각판의 검은 글자가 또렷하게 종이에 찍힌다. 목판에 글을 새기는 것은 석각판보다 훨씬 경제적이고 노력이 적게 들었다. 게다가 목판은 책을 많이 찍을 수 있었으므로 대단한 발명이었다.

수나라 시대에는 불교가 널리 전파됨에 따라 불경이 조각되고, 많이 인쇄했다.

당나라 희종(禧宗) 연간(874~888)에는 사천에서 민간인들이 흑판 인쇄로 『자서(字書)』, 『소학(小學)』[18]과 기술 서적들을 많이 인쇄했다. 당나라 말기에는 조각 인쇄로 경서와 역사 서적들이 많이 인쇄되었다. 오대

---

18 『소학』: 송대의 수양서와 주자(朱子)가 제자 유자징(劉子澄)에게 소년들을 학습시켜 교화시킬 수 있는 내용의 서적을 편찬하게 하여 주자 자신이 교열, 가필한 책이다.

**감숙성 돈황 천불동에서 발견한 당나라(868) 시대의 『금강경』**

시대(907~959)에는 조각판 인쇄가 매우 유행했는데, 풍도(馮道) 또한 국자감에서 『구경(九經)』[19]을 교열하고 인쇄할 것을 건의했다. 이것이 『오대감본(五代監本)』으로, 관가에서 대량으로 인쇄하기 시작했다. 풍도는 후당·후진 시대에 재상을 하고, 후에는 거란에 투항해 태부(太傅)를 지냈다. 후한 시대에는 태사(太師)가 되고, 후주 시대에도 태사의 중서령(中書令)을 지냈다.

---

19 『구경』: 유학에서 경전 분류법의 하나. 『구경고(九經庫)』를 쓴 곡야율(谷耶律)은 역, 서, 시, 예, 악, 춘추, 논어, 효경, 소학을 구경이라 했다. 육덕명(陸德明)은 『경전석문서록(經典釋文序錄)』에서 역, 서, 시, 삼례(주례·의례·예기), 춘추, 효경, 논어를 구경으로 했고, 서견(徐堅)의 『초학기(初學記)』에는 역, 서, 시, 삼례, 춘 추, 공악전, 곡량전을 꼽았다.

당나라와 오대 시대의 조각판 인쇄본은 전란의 피해로 남아 있는 책이 아주 적다. 세계적으로 가장 오랜 조각 판본으로는 당나라의 『금강경(金剛經)』과 오대 시대의 『당운(唐韻)』, 『절운(切韻)』이 있다.

당나라 의종(懿宗) 함통(咸通) 9년에 조각 인쇄한 『금강경』은 원래 돈황석굴에 있었다. 길이가 15척이고, 너비가 1척이며, 일곱 장의 종이를 붙여 만든 것으로 경전의 첫머리에 한 폭의 불화가 찍혀 있고, 권말에는 '함통 9년 4월 15일 왕개(王玠)가 부모님을 위해 만든 것이다'라고 씌어 있다. 이 책은 완전하게 보존되었으나 스타인에 의해 영국의 런던박물관으로 옮겨져 소장되고 있다.

송나라 시대에 이르러 조각 인쇄 사업이 아주 발달했고 관청의 인쇄작업장도 50여 곳이나 되었다. 책의 내용도 경전, 역사, 철학, 의학, 산수, 문학 등 여러 방면으로 보급되었다. 민간의 인쇄 작업장은 더욱 많아졌고 건안 여씨(建安余氏)의 근유당(勤有堂)은 당나라 때 세워져 송, 원, 명 3대를 거치면서 많은 책을 인쇄했다. 광도(廣都)의 비택(裴宅), 치천(雉川)의 전수당(傳授堂), 임안(臨安)의 진씨(陳氏), 건읍(建邑)의 왕씨(王氏) 등도 있다. 인쇄 작업장은 전국 어느 곳에서나 찾아볼 수 있었지만 그중에서도 절강, 복건, 사천, 하남, 섬서 지방에 더욱 많았다.

송나라 시대의 조각 인쇄본은 700여 가지가 넘었다. 그러나 오랜 세월이 지나면서 많은 것이 훼손되어 지금은 약 10만 부 정도만 보존되어 있다. 송나라 시대의 조각판은 배나무, 대추나무로 만든 것이 비교적 좋은 것이었다. 옛날 사람들은 가치 없는 책을 보면 '헛되이 배나무와 대추나무만 버렸다'라고 했으니 배나무, 대추나무가 아주 좋은 재료였음을 알 수 있고, 당시 조각 인쇄가 흥성했음을 알 수 있다.

중국의 조각 인쇄술은 8세기 초에 일본으로 전해졌다. 8세기 후기에 일본에서는 목판 『다라니경』이 완성되었다. 서쪽으로는 12세기 무렵에야 이집트로 전파되었고 페르시아를 통해 유럽으로 전파되었다. 유럽에서는 14세기 말에 이르러서야 조각판 인쇄가 나타났다. 지금 독일에 보존되어 있는 가장 오래된 것은 1423년에 인쇄된 것으로 중국보다 약 6세기나 늦다.

조각 인쇄는 비용과 노력과 시간이 많이 들었다. 책을 한 권 인쇄하자면 여러 해 동안 조각판에 새겨야 했다. 『5대감본』을 인쇄하는 데 31년이란 시간이 걸렸고, 송나라 태조 연간(971)에 성도 인쇄 작업장에서는 12년 동안의 노력으로 『대장경(大藏經)』을 인쇄했다. 그러나 목각 조각판은 잘못된 글자를 수정하기가 어렵고, 책 한 권의 목판이 너무 많아 관리하기도 어려울 뿐만 아니라, 좀이 슬고 모양이 변형되고 파손되기 쉬웠다. 그러므로 인쇄에 종사하는 사람들은 끊임없이 새로운 방법을 찾았다. 이것이 조각판 인쇄 기술에 기초해 성립된 활자판 인쇄 방법의 발명이었고, 이때부터 대량의 인쇄 기술로 발전했다.

일찍이 진시황은 전국의 도량형기를 통일하면서 도자기 계량기에 나무 도장으로 40자의 조서를 찍었는데 이것이 활자 인쇄의 시조라 할 수 있다. 그러나 이것은 보급이나 응용되지 못했다.

활자판은 송나라 인종 연간(1041~1048)에 필승(畢昇)이 발명했다. 그

나무 활자 제조와 판짜기 모습

는 진흙 한 덩어리에 한 글자씩 새기고, 불에 구워 딱딱하게 만드는 방법을 발명했다. 판을 짜기 전에 틀이 있는 철판 위에 종이 재를 섞은 송진과 밀랍을 한 층 바른다. 그리고 활자를 철판 위에 배열한 다음 가열하면 밀랍이 점차 녹는다. 이때 누르면 조각판처럼 인쇄할 수 있었다.

　이런 활자 인쇄는 판을 만드는 데 편리하고 틀린 글자가 있어도 수시로 바꿀 수 있을 뿐만 아니라 좀이 먹거나 변형되지 않았으므로 보관하기에 어려운 문제가 없었다. 그리고 한 면을 인쇄한 후 다시 활자를 조합할 수 있었으므로 한 가지 활자를 여러 번 쓸 수 있어 매우 편리했다. 그러나 필승은 1061년에 세상을 떠났고, 그의 생전에는 활자 인쇄술이 보급되지 못했다. 송나라 역사서에는 그의 발명에 대한 기록이 없다.

심괄은 『몽계필담』 「기예(技藝)」에 필승의 발명 과정을 상세하게 기록했다. 심괄의 이런 기록이 없었다면 필승의 발명은 영원히 사라졌을 것이다.

원나라 시대에 이르러 농학자인 왕정(王禎)은 필승의 활자 인쇄 원리를 개량했다. 왕정은 진흙 대신 나무를 사용했다. 나무 활자는 쉽게 부서지고 먹이 고루 먹지 않는 진흙 활자의 단점을 극복했을 뿐 아니라 만들기도 쉬웠다.

심괄은 필승도 그 당시에 나무 활자를 연구했다고 했다. 그러나 나무 활자는 나무의 질이 같지 않아 판을 짜게 되면 표면이 고르지 못했다. 그리고 인쇄가 끝난 다음에도 송진과 밀랍이 판에 붙어서 활자를 떼 내기가 어려워 진흙보다 편리하지 않다고 했다. 결국 200년이 지난 후에야 필승이 만든 진흙 활자는 나무 활자로 대체되었다.

왕정은 먼저 나무판에 글자를 새긴 다음 작은 톱으로 쓸어 내어 나무 활자를 만들었다고 한다. 또한 그는 인력을 줄일 수 있고 식자에 편리한 회전식 활자조판대인 '윤반배자가(輪盤排字架)'를 발명했다.

나무로 만든 이 윤반은 지름이 7척이고, 중간축의 높이가 3척으로 좌우 마음대로 돌릴 수 있다. 그는 나무 활자를 한자 운(韻)의 분류에 따라 윤반의 통 속에 넣어 두었다. 윤반 하나에 글자 3만 자를 담을 수 있었다. 한 개의 판에 보통 글자는 같은 형태의 글자 서너 개씩 담았고, 자주 쓰이는 글자는 20여 개씩 만들어 담아 놓았다. 크기와 획이 서로

왕정 윤반배자판

같은 글자는 하나의 나무통 속에 넣었다. 하나의 통에 글자를 채우면 조판할 윤반을 움직여 문자를 배열했으므로 매우 편리했다. 선택된 글자는 사전에 짜놓은 틀에 맞추었는데 틀의 크기는 책장의 크기와 같았으므로 활자를 틀에 채우고 나서 얇은 나무 조각으로 활자 사이의 틈에 쐐기를 쳐서 판을 고정한 다음 교열을 보고 난 후에 직접 인쇄했다.

　왕정은 원나라 1298년에 나무 활자판으로 『선덕현지(旋德縣志)』를 처음으로 인쇄했다. 선덕현은 안휘성에 있는데 당시 그는 이 현의 지도자였다. 이 책은 6만 자가량으로 한 달도 못 되어 100부씩이나 찍었으므로 조각 인쇄와 비교해 보면 효율이 매우 높았다.

왕정은 활자, 식자, 조판, 인쇄의 구체적 기술 문제를 모아서 「활자의 제작법과 인쇄법」(1614), 「운에 따라서 글자를 새기는 방법」, 「활자 배판법」, 「운에 따른 활자의 윤반식자법」 등의 방법을 『농서(農書)』의 뒤에 기록했다. 지금 이 책들은 중국 인쇄사의 발달을 연구하는 데 소중한 문헌이다.

활자 인쇄술의 발명은 인쇄술을 한 차원 높은 새로운 단계로 끌어올렸고, 인류의 문화생활에 결정적인 영향을 미쳤다. 이런 활자 인쇄술은 1390년 무렵에 조선(朝鮮)으로 전파되었다. 서역과 유럽으로도 전파되었는데 1450년에야 독일인 구텐베르크(Gutenberg, 1398~1468)가 처음으로 성경을 활자로 인쇄했다.

활자 인쇄술이 조선으로 전파된 후 조선인들은 구리[銅] 활자를 만들어 인쇄했다. 조선에서 문화가 가장 활기를 띠던 14~15세기에는 수많은 서적이 인쇄되었다. 그리고 조선에서는 한글이 창조되어(1434) 활자 인쇄와 더불어 풍성한 문화생활을 누리게 되었다.

중국과 조선은 상호 왕래가 많았는데 조선의 대단히 우수한 활자주조술은 15세기 말에 다시 중국에 영향을 미치게 되었다. 왕정은 「활자의 제작법과 인쇄법」에서 어떤 사람이 주석[錫] 활자를 만들어 인쇄하려 했으나 먹이 잘 묻지 않아 실패했다고 했다. 이후 명나라 후기에 조선의 인쇄술의 영향을 받아 중국에서는 금속 활자를 사용하기 시작했다. 효종(孝宗) 홍치(弘治) 연간에 이르러서는 구리 활자가 정식으로 강남 일대에서 많이 쓰였다.

당시 화씨 회통관(華氏 會通館)과 안씨 계파관(安氏 桂坡館)은 세계적으로 유명한 장서가이며, 출판사로서 모두 구리 활자로 대단히 많은 책을 인쇄했다. 같은 시기에 금릉(金陵, 남경)에서는 구리 활자와 납 활자로도 인쇄되었다.

명나라와 청나라 시대에는 활자 인쇄술이 더욱 발전했고, 인쇄하는 수량도 대단히 많았다. 명나라 시대의 유명한 인쇄물로는 송나라 흥국(興國) 2년인 977년부터 편집해 6년간에 걸쳐 완수된 『태평어람(太平御覽)』[20] 1,000권을 다시 재판한 것이다. 이 책은 모두 금속 활자로 인쇄되었다. 융경 6년인 1512년에 청나라 강희(康熙) 연간에 편집한 백과전서 『고금도서집성(古今圖書集成)』[21] 1만 권이 옹정(雍正) 4년(1726)에 구리 활자로 인쇄되었다. 이것은 중국에서 가장 큰 구리 활자 인쇄본이다. 건륭(建隆) 38년(1773)에 조정에서는 대추나무로 크고 작은 활자 25만 3,000자를 새겨 『무영전취진판총서(武英殿聚珍板叢書)』 138종 2,300여 권을 인쇄했다. 이것은 중국에서 가장 큰 목활자 인쇄본이다.

판화는 인쇄술에 커다란 공헌을 했다. 판화의 기원은 아마도 은나라·주나라 시대의 갑골과 동기, 옥기의 도안일 것이다. 한나라·위나라·6조 시대에 비석, 석판의 무늬는 판화와 밀접한 관계가 있다. 이때부터 불교도들이 불경의 기록과 불상을 인쇄하기 시작해 판화가 점차 유행

---

20 『태평어람』: 송나라 때 이방(李昉)이 편찬한 백과사서. 처음 이름은 『태평편류(太平編類)』였다. 송 태종의 명으로 977년에 착수해 983년에 완성한 1,000권에 달하는 방대한 책이다. 내용 체제는 55부문으로 나뉘어 있고, 인용한 책이 1,690종이나 된다.

21 『고금도서집성』: 현존하는 최대 규모의 백과전서로 1만 권이며, 목록이 40권이다. 6편 32전(典) 6,109부(部) 1억 4,000만 자이다.

했다. 1320년에는 중국의 '지패(紙牌)'들이 유럽으로 전해졌다.

원나라 1340년에 붉은색과 검은색을 섞어서 『금강반야바라밀경(金剛般若波羅密經)』을 인쇄했다. 이는 세계적으로 가장 오래된 두 가지 색깔로 인쇄한 책이다. 1581년에 명나라 호주(湖州) 사람 능영초(凌藏初)는 네 가지 색깔로 『세설신어(世說新語)』[22]를 인쇄했다. 이후부터 컬러 판화가 더욱 많이 나타나 1627~1644년에는 남경 호정언(胡正言)에서 『10죽제전보(十竹齊箋譜)』가 컬러로 인쇄되었다. 이것은 색깔이 선명하고 부드러운 대단한 걸작 인쇄물이다.

최초의 컬러 목판화는 몇 가지 색깔을 하나의 목판에 바른 후 찍었기 때문에 정교하지 못했다. 얼마 후 새로운 컬러 인쇄 방법인 '두판(鈍板)'이라는 투인법(套印法)이 나타났다. 이것은 각종의 컬러 그림 색깔을 먼저 분류해 내고 나서 한 가지 색깔마다 따로 나무판을 만들어 인쇄할 때마다 순서대로 찍으면 복잡한 컬러 그림도 마음대로 인쇄할 수 있었다. 이후에는 또 컬러 그림을 올록볼록한 종이에 찍는 방법인 '공화(拱花)'를 창조했는데, 이는 부각처럼 더욱 생동감을 준다. 중국의 컬러 판화 발명은 세계적으로 예술 작품의 창조에 더욱 기여했다.

영국의 과학자 니이담은 『중국과학기술사(中國科學技術史)』에서 '서방 나라들은 중국보다 조각판 인쇄술에서 약 600년이나 뒤떨어졌고, 활자 인쇄술에서는 약 400년가량 뒤떨어졌으며, 금속 활자에서도 약 100여

---

[22] 『세설신어』: 남조 송나라의 유의경(劉義慶, 403~444)이 편집한 일화집으로 후한 말부터 동진까지의 일화를 모아 엮은 책이다.

년 뒤떨어졌다'고 했다. 중국의 인쇄술이 유럽에 전해진 후 문예 부흥이 나타나고 과학기술이 비약적으로 발전하게 되었다. 이것은 중국의 인쇄술의 발명과 전파가 전 인류의 문화 발전에 커다란 기여를 했음을 증명해 주는 것이다.

# 제7장

# 화약

    • • •

  화약은 충격이나 높은 열을 가했을 때 격렬한 화학 변화를 일으키면서 고열과 다량의 기체를 발생시키는 일종의 혼합물 또는 화합물이다. 세계에는 수많은 종류의 화약이 있다. 그렇지만 아마도 중국에서 발명한 '흑색화약'과 '갈색화약'이 인류가 가장 먼저 이용한 화약일 것이다.

  흑색화약의 주요 성분은 초석이 75퍼센트, 유황이 10퍼센트, 목탄이 15퍼센트로 구성되어 있다. 폭발시킬 때는 유황칼륨, 이산화탄소와 질소가스를 혼합시킨다. 다만 목탄 가루가 적을 때는 질산칼륨, 산화탄소와 질소를 화합시키면 된다.

  화약이 연소되면 원래 중량의 45퍼센트 정도가 기체로 발생한다. 높은 열 속에서 기체는 화약 본래 부피의 1,000배 이상으로 팽창한다. 만약에 목탄의 탄화 정도가 낮아지면 화약의 빛깔은 갈색을 띠지만 폭발력은 오히려 점점 높아지게 된다. 이를 보통 '갈색화약'이라고 부른다.

  고대의 연금술사들은 화약 발명의 공로자들이다. 중국인들은 기원 전·후 흑색화약의 각종 주요 원료인 목탄, 유황, 초석을 발견했다. 목탄은 세계 각 민족들도 일찍부터 이용해 왔다. 중국 고서에 '가을에는 나무 연료 대신에 목탄을 사용했고, 여름철에도 목탄을 태웠다'는 기록이 있다.

  유황은 중국 고대에 '석유황(石流黃)', '유황(留黃)', '유황(流黃)'이라

칭했다.

　기원전·후 중국 남방 지역에서 풍부한 천연 유황이 발견되었다. 호남성의 침현(郴縣)에서 대량의 유황광이 발견되었으며, 이후에도 화북 각지에서 끊임없이 발견됐다. 산서성 양곡(陽曲)의 서산(西山), 하남성 신안(新安)의 광구(狂口)가 비교적 유명한 유황광산 지역이다. 『무경총요(武經總要)』[1](1044)는 진주(晉州)에서 출토되는 유황이 아주 우수하다고 기록하고 있다.

　중국 최초로 유황에 대해 언급한 것은 『회남자』[2](기원전 150년경)이다. 서한 말기 고대의 365종의 약물을 기록한 『신농본초경』[3]에는 석유황을 성(性)보전약물인 중품약(中品藥) 중의 제3종에 넣고 있다. 그리고 석유황은 '강도(羌道)의 산속에서도 생산된다'라고 했으며 '한중(漢中) 또는 하서(河西) 지역에서도 나온다'고 했다. 이로 볼 때 유황이 발견되는 지역이 매우 넓었다는 것을 알 수 있다.

　한, 위, 진, 육조 시대의 단서(丹書)에는 유황을 많이 언급을 하고 있다. 이로 볼 때 유황은 고대 연단술(煉丹術)에서 중요한 지위를 차지하고 있었음을 알 수 있다. 중국 고대 연단가(煉丹家)는 이미 유황의 존재를 알고 있었으며, 유황의 물리나 화학적 성질, 즉 용해와 승화현상을 잘

---

1 『무경총요』: 송나라 인종(仁宗)이 1040년에 명하여 만들게 한 병서(兵書)이다. 북송의 증공량(曾公充), 정도(丁渡) 등이 찬술해 1044년에 완성한 군사 방면의 기술서로 40권으로 되어 있다.

2 『회남자』: 전한의 회남왕 유안이 지은 책.

3 『신농본초경』: 후한에서 삼국 시대 사이에 성립된 본초서(本草書). 양나라의 학자 도홍경(陶弘景)이 6세기 초에 교정해 『신농본초경』 3권과 또다시 주를 가해서 『신농본초경집주』 7권을 저술했다. 현재의 『신농본초경』은 명대의 노복(盧復), 청대의 손성연(孫星衍) 등에 의해 각각 재편집된 것이다.

파악해 이용했다. 고대 단서에서는 승화된 유황을 '복화유황(伏火硫黃)' 이라고 불렀다.

초석은 흑색화약 속의 산화제이다. 중국인들은 초석의 역할이 화약에서 매우 중요하다는 것을 알았다. 화약에서 폭발력의 차이는 초를 얼마만큼 함유하고 있는지 양으로 결정되었기 때문이다.

『신농본초경』에서는 초석을 불로장수 약이라는 상품약(上品藥)의 120종 중 제6종에 넣고 있다. 일찍부터 적열(積熱: 체증, 소화불량)과 혈어(血淤: 피멍) 등의 치료에 사용되어 의료 효용을 발휘했으므로 이 초석을 '소석(消石)'이라고도 불렀다.

이후에 『영원방(靈苑方)』에서는 초석이 전간(간질, 치매)과 풍현(風眩: 중풍) 등의 병증 치료에도 효과가 있다는 것을 발견했다. 이로 볼 때 중국 고대 연단가는 초석의 존재를 알았고, 그 성질을 정확히 파악했음을 알 수 있다. 그리고 초석은 연단술에서 주요 산화제와 용제(熔劑)로도 사용했다.

또한 중국인은 초석의 공업적 효용을 발견했다. 조여괄(趙如适)[4]의 『제번지(諸蕃志)』(1225)에 '초석은 유리를 연소시키는 주요 원료이며, 금은 공예를 제작하는 주요 약품'이라고 기록되어 있다.

중국 고대 건축에서는 상당히 빨리 유리를 응용했는데 한나라의

---

4 조여괄: 남송 때의 지리학자로 복건 지방에 머물면서 『제번지』 2권을 저술했다. 상권에는 일본에서 북아프리카에 이르기까지 50여 개의 나라를 기록했다. 하권은 풍물에 관한 내용이다. 송대 해상교통과 대외무역 및 국제관계 연구에 매우 유용하다.

『서경잡기(西京雜記)』[5]에 기록되어 있다. 이로 보아 중국인들은 기원전·후에 현대 인류 문명과 아주 밀접한 관계가 있는 '초(硝)'를 이미 발견했고, 또한 이것을 잘 활용했다고 할 수 있다.

초는 중국 고서 속에서 많은 다른 명칭으로 불린다. 가장 보편적으로 불리는 초석, 소석 이외에도 염초(焰硝), 화초(火硝), 망초(茫硝), 고초(苦硝), 지상(地霜), 생초(生硝), 북지현주(北地玄珠) 등 여러 가지로 불리고 있다. 이들의 주요한 화학 성분은 질산칼륨, 질산나트륨, 질산칼슘 등 질산염 종류이다.

이시진(李時珍, 1518~1593)[6]의 『본초강목(本草綱目)』에는 이런 종류의 초를 '화초(火硝)'라 하여 색깔이나 맛에서 유사한 '수초(水硝: 유황산나트륨)'와 서로 혼동되지 않게 구별해 사용하고 있다. 수초도 고서 속에서 망소(茫消), 마아소(馬牙消), 영소(英消), 피소(皮消), 분소(盆消) 등 다양한 명칭으로 불린다.

중국인들은 장기간의 경험을 통해 근대의 화학 분석에서 일반적으로 사용되는 '화염 분석법'을 발견해 화초와 수초를 구별해 사용했다. 연단가 도홍경(陶弘景, 456~536)[7]은 초석을 '강하게 연소시키면 자청(紫

---

5 『서경잡기』: 진대(晉代)의 갈홍(葛洪)이 저술한 것으로 전해지는 전한 시대의 잡사를 기록한 책. 6권으로 되어 있으며, 전한 말의 유흠(劉歆)이 원저자라고도 하나 분명하지는 않다.

6 이시진: 명나라 때의 학자. 임상실천을 중시하고 장기간에 걸쳐 약물을 연구했다. 종래의 의학 관련 서적 800여 종을 참고하고 철저한 고증을 거쳐 『본초강목』을 저술했다. 여기에는 기존의 1,518종의 약물에 374종의 새로운 약물을 추가했다.

7 도홍경: 남조의 양나라 학자. 아버지가 첩에게 살해된 사실 때문에 일생 동안 결혼하지 않고 지냈다. 유교·불교·도교에 두루 통했다. 『진고』(2권)·『등진은결』(3권)·『진령위업도』 등이 있고, 문집에 『화양도은거집』(2권), 의학·약학 저서에 『본초경집주』, 천문학에도 능통해 『제대연력』도 저술했다.

靑)색의 연기가 발생한다'고 했다.

중국은 일찍이 공업과 의약 분야에서 광범위하게 초석을 이용해 왔으므로 초석의 채집과 제련 공정에서도 대단히 주의를 기울였다. 기온이 낮은 화북 각 지방의 담벽 밑 같은 곳에는 항상 기다란 형태의 미세한 백색 결정체인 초(硝: 질산칼슘)가 있는데, 이를 '장염(墻鹽)'이라고 부른다.

12세기 이후에는 초를 이집트에서는 '중국설(中國雪)', 페르시아에서는 '중국염(中國鹽)' 또는 '장염'이라고 불렀다. 이는 초가 중국에서 서방에 전달되었음을 증명해 주는 것이며, 고대 초석의 기원이 주로 담장 밑의 염이라는 것을 알 수 있다.

천연적인 초석은 『본초경(本草經)』에서 말하기를 '익주(益州) 지방에서 생산된다'라고 했다. 또한 농서(隴西) 지방에서도 생산된다고 했다. 이것은 고대에 사천, 감숙 지역 일대에서 초석이 생산되었음을 알려준다. 그러나 교통이 불편해 운반해 올 수 없었으므로 대부분 지방에서 쓰는 초는 주로 장염에 의존했다.

664년에 이르러 중국의 승려인 조여규(趙如珪), 두법량(杜法亮)과 인도의 승려 법재(法材) 등이 산서성 영석현(靈石縣)과 진성현(晉城縣)에서 화염으로 만든 초석을 발견했다. 이때 중국인들은 이미 인도 북쪽의 오장(烏萇)국에서도 초석이 생산된다는 것을 알고 있었다.

이시진의 『본초강목』에는 초석의 제련에 대한 설명이 있다. 달걀 흰자위를 초석과 골고루 섞은 다음에 물을 붓는다. 이때 위에 뜨는 것을

'망초(硭硝)'라 하고 아래에 가라앉는 것을 '박초(朴硝)'라 했다. 망초는 비교적 순수한 질산칼륨이고, 박초는 질산나트륨이 주요 성분이지만 식염과 질산칼륨 및 기타 잡물 등도 함유되어 있다. 그래서 박초는 설사, 소화, 이뇨 등의 약으로 사용할 수 있다. 박초는 『신농본초경』에 상품약 중의 제7종에 속한다.

초석에 대해 중국인들은 일찍이 제련과 과학적 경험을 얻은 데 비해 서양인들은 지금부터 300~400년 이전에는 초산, 탄산나트륨과 식염조차 구분을 못했다. 서양 고대 서적에서 말하는 초는 십중팔구 수초를 지칭하는 것인데 12세기 이전의 아라비아인과 유럽인들은 초석이라는 물질조차도 알지 못했다.

중국인들은 연단술에서 이미 '황'과 '초'를 사용해 연소될 수 있는 화약을 발명했다. 그러나 이렇게 오랜 시간 동안 발명 과정을 거쳐 왔으나 구체적으로 보존된 자료가 없다.

600년 전후 중국 고대의 연단가 겸 의학가인 손사막(孫思邈, 581~682)[8]은 그의 저서 『단경(丹經)』에서 유황법과 유사한 화약 처방을 기록했다. 즉 유황 2량, 초석 2량을 잘게 부수고 3개의 쥐엄나무인 백각자(帛角子)를 섞어 땅속의 사기 단지 속에 묻어 둔 후에 숙탄(熟炭) 3근을 사용해 항아리 입구를 막고 굽는다. 만약 이때 조심하지 않아 탄화 조각을 단지 속에 떨어뜨리면 화약이 반응해 불이 일어난다. 이것이 역

---

8 손사막: 당나라 때의 의학가로 『비급천금요방』 30권과 『천금익방』 30권을 저술했다. 그리고 『손진인단경(孫眞人丹經)』을 편찬했는데, 이 책에 화약 제조법이 기록되어 있다.

사상 화약에 관한 최초의 기록이다.

후에 이르러 809년 청허자(淸虛子)가 '화반법(火礬法)'의 처방을 내었다. 역시 유황, 초 각 2량과 마두령(馬兜鈴) 3전반(三錢半)을 이용해 가공과 정제를 했다. 이 처방은 비록 화약적인 폭발을 하지 못하나 연소는 가능했다. 이후 연단가들은 초석, 유황을 함께 단련함으로써 수많은 집들이 연소되거나 훼손되었고 신체에도 부상을 입었다.

『태평광기(太平廣記)』[9](977) 권16에는 하나의 고사가 실려 있다. 수나라 초에 두자춘(杜子春)이라는 사람이 연단술사를 찾아가 그 집에 머물게 되었다. 그는 한밤중에 갑자기 연단로 속에서 자색 연기가 솟아나 매우 짧은 시간에 커다란 불꽃이 일어나는 것을 보았다고 한다. 이것은 연단술사가 연소 약물을 혼합할 때 갑자기 불꽃이 일어났던 것이다.

연단가들은 화약을 발명했지만 강력한 폭발력을 동반하는 것을 원하진 않았다. 그러나 군사가들은 화약의 연소력을 응용해 무기를 만들었다. 그 후 화약은 독성, 폭발력, 연소력, 연막력(烟幕力)이 더욱 증강되어 강력한 폭발력을 가진 무기로 발전했다. 그 후 꾸준한 연구와 제작으로 화기 시대(火器時代)로 진입하게 되었다.

중국에서 전쟁에 화약이 사용되었다는 기록은 송대 노진(路振)의 『구국지(九國志)』에서 찾아볼 수 있다. 당나라 애제(哀帝, 905~907) 때 정번(鄭璠)이 예장(豫章)을 공격했는데 '발기비화(發機飛火)'로 용사문(龍

---

9 『태평광기』: 중국의 역대 소설집 500권. 송나라 태종(太宗)의 칙명으로 977년에 편집되었다. 종교 관계의 이야기와 정통역사에 실리지 않은 기록 및 소설류를 모은 것이다. 당시의 유명한 학자 이방(李昉)을 필두로 하여 13명의 학자와 문인이 편집에 종사했다.

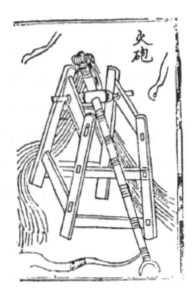

**송나라 때 포석기를 이용해 만든 화포**

沙門)을 불살랐다고 했다. 이에 대해 허동(許洞)은 '비화라는 것은 화포 (火炮), 화전(火箭: 로켓) 종류이다'라고 해석했다. 북송 시대에는 일반적 으로 화약이 군사적 목적으로 이용되었고, 송나라 태조 개보(開寶) 2년 (969)에는 풍의승(馮義昇)과 악의방(岳義方) 두 사람이 '화전법(火箭法)'을 발명했다.

후에 『무경총요』(1044)에 '발사되는 화전은 자작나무 껍질에 깃털을 꼽고 화약 5량을 화살촉에 매단 후 이를 발사한다'라고 기록되어 있다. 이때의 화전은 천천히 연소되는 화약이 이용되었고 화전 앞부분에 화 약을 묶어 발사했다.

화전을 능숙하게 발사하는 군사는 대개 모두 오월(吳越)에서 온 자들이었다. 또한 화약 주머니를 던질 때는 돌 던지는 기계인 '포석기(抛石機)'를 이용했는데 이를 '화포(火砲)'라 했다. 화약 무기가 놀라운 위력을 나타내자 군사가들은 이를 중시하게 되었다. 또한 북방의 여러 종족의 침입에 항거하는 데 사용하게 되었다.

화약의 사용과 무기 제조의 연구에 대해서도 특별한 주의를 기울이게 되었다. 사병 출신인 당복(唐福)과 석진(石晉, 1003)이 연소성의 화약 무기 폭탄인 '화구(火球)'와 '화질려(火蒺藜)'를 발명했다. 이러한 화약 무기의 출현은 화약에 대한 연구와 대규모 생산을 촉진했다.

『무경총요』에 상세하게 기록되어 있는 당시의 연구 성과는 새로운 형태의 화약 무기이다. 『무경총요』에 기록된 3가지의 화약 제조 방법은 인류 역사상 가장 빠른 화약성분에 관한 기록으로 아래와 같다.

① **독약연구(毒葯烟毬) 화약 제조법**
유황 15량, 염초(焰焇) 1근 14량, 파두(芭豆) 2량 반, 초오두(草烏頭) 5량, 소유(小油) 2량 반, 목탄분(木炭粉) 5량, 역청(瀝靑) 2량 반, 비상(砒霜) 2량

② **질려화구(蒺藜火毬) 화약 제조법**
유황 1근 14량, 녹탄분(麓炭粉) 5량, 역청 2량 반, 염초(焰焇) 2근 반, 간칠(干漆) 2량 반, 죽여(竹茹) 1량 1분, 마여(麻茹) 1량 1분, 동유(桐油) 2량 반, 소유(小油) 2량 반, 밀랍[蠟] 2량 반

③ 화포(火砲) 화약 제조법

진주(晉州) 유황 14량, 마여 1량, 비상 1량, 염초 2근 반, 간칠 1
량, 정분(定粉) 1량, 와황(窩黃) 7량, 죽여 1량, 황단(黃丹) 1량, 황랍
(黃蠟) 반량, 청유(淸油) 1푼, 동유(桐油) 반량, 송지(松脂) 14량, 농유
(濃油) 1푼

첫 번째 방법은 유황, 염초, 목탄 가루 이외에 파두, 초오두[아코니
트], 비상(비소) 등 모두 독물을 사용해 합성시키는 것이며 소유, 역청은
연소의 가속을 제어하는 데 사용된다.

두 번째 방법에서도 역청이 사용된다. 영국·미국 등 각국에서 역청
을 이용한 것은 20세기에 들어와서이다. 현재 연료가 고체인 로켓포는
더 많은 역청을 사용함으로써 연소 속도를 제어하고 있다.

세 번째의 방법은 염초가 거의 반가량의 분량을 차지하고 있다. 그
러나 목탄 가루가 없으므로 그 팽창력은 단지 마여, 죽여의 탄가루에서
얻을 수밖에 없다. 따라서 연소성만 있고 폭발 능력은 없었다.

송대는 화약 방면에서 매우 활발한 연구와 발전이 있었을 뿐만 아니
라 대규모로 화약을 제조했다. 기록에 따르면 당시 조정에는 대단히 큰
규모의 군기감(軍器監)을 설치했다. 그 아래에 화약작(火藥作), 청요작(靑
窯作), 화작(火作), 맹화유작(猛火油作) 등 11개의 커다란 작업장이 설치되
어 있었다.

고용된 노동자가 수만 명에 달했고, 분업화가 이루어질 정도로 일이

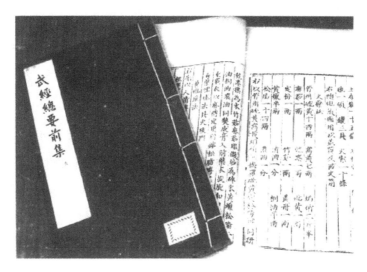

『무경총요』

아주 세분화되었다. 1083년 송나라 사람들은 '서하(西夏)가 난주(蘭州)에 침입하는 것을 방어하기 위하여 한 번에 화전 25만 개를 만들어 사용했다'고 했다. 이후 초의 제련, 유황의 가공, 화약의 품질 증대 등으로 화약 무기의 발전이 촉진되었다. 종래의 연소형에서 폭발형으로 발전했다.

위에 설명한 화약 제조 방법 중에서 질려 화구법 등은 비록 폭발력이 있다 해도 그 성능은 매우 미약했다. 남송 이후에 이르러서야 보편적으로 화약 무기로 응용하게 되었다. 그 후 끊임없는 개조와 발전으로 그 폭발 성능이 더욱 강화되었다.

『무경총요』에 따르면 '벽력화구(霹靂火毬)'와 '벽력포(霹靂炮)'는 처음에 대나무 조각을 사용했다. 1126년 금나라가 개봉(開封)을 공격할 때 이강증(李綱曾)이 벽력포를 사용해 난인들을 격퇴했다. 또한 1204년 조순(趙淳)이 양양(襄陽)을 수비할 때에도 벽력포로 금나라를 격퇴했다. 1259년 7월 왕견(王堅), 장각(張珏)이 조어성(釣魚城)을 지킬 때도 포를 사용해 몽골군의 총수인 몽케[蒙哥]를 물리쳤다.

벽력포가 어떠한 무기였는지를 고찰해 볼 만한 기록은 없지만, 명칭으로 보면 소리가 벽뢰와 같고 살상력이 대단히 큰 무기 같다. 1257년 몽골인이 월남에서부터 북상해서 정강(靜江)을 위협하게 되자, 송나라는 이증백(李曾伯)을 파견해 정강 지역의 무기를 조사하라고 지시했다. 이에 그는 '철화포 대소 85존(尊)이 있으며, 형(荊)·회(淮) 지방에는 10여만 개의 포가 있다. 또한 형주에서는 한 달에 1,000~2,000존의 포를 제조할 수 있다'고 보고했다. 이러한 보고가 약간 과장되었다 하더라도 그 당시에는 이미 철제 화포가 있었을 뿐만 아니라 형주에는 일정한 화포 제조 공장이 있었음을 알 수 있다.

조여곤의『신사읍참록(辛巳位崭錄)』에는 철화포의 형식에 대해 '표주박[匏]과 같은 형상이다. 입구가 작으며 생철을 이용해 주물로 만들었다. 두께는 2촌이다'라고 했다. 이로 볼 때 당시의 야금 주조술은 이미 상당한 수준에 도달했으며, 무기 제작에서 폭발형 무기를 철로 만들 수 있는 충분한 조건을 갖추고 있었다.

화약을 많이 장착하고 포화의 살상력을 증가시키기 위해 사용된 대나무 껍질, 가죽 껍데기는 막강한 기압을 이겨 내지 못했다. 이로 인해 점차 우수한 주철로 바꿔 사용했다. 철의 강도가 크면 화약이 점열된 후 포공

속에 축적된 기체 압력이 더욱 증대되므로 폭발력도 컸다.

『금사(金史)』[10]에는 '화약이 폭발할 때의 소리는 벽력이 진동하는 것과 같았고, 열압력의 영향이 반 무(畝) 이상까지 이르렀다. 사람과 우피 모두가 분쇄되어 흔적도 없어지고, 철을 모두 다 뚫었다'고 한다. 벽력 뢰는 이러한 무기 종류의 하나였다.

사격 무기로는 1132년 진규(陳規)가 덕안(德安)을 수비할 때 발명한 '화창(火槍: 화승총)'이 있다. 화창은 기다란 하나의 죽관(竹管: 대나무관)을 두 사람이 붙들고, 먼저 화약을 죽관 속에 장착한 후 점화하면 폭약이 발사되어 나간다. 후에는 죽간(竹竿)이 철관(鐵管) 등으로 바뀌게 되었다. 이런 화창은 사격에 사용되었을 뿐만 아니라 찌르는 무기로도 사용되었음을 알 수 있다. 『원사(元史)』[11]의 「사필전(史弼傳)」에는 지원 12년(1274)에 '송나라 기사(騎士) 두 명이 화창을 겨드랑이에 끼고 공격했다'라고 기록되어 있다.

1259년에는 수춘부(壽春府)라는 관청에서 시대의 획을 긋는 신무기를 만들었는데 이것이 '돌화창(突火槍)'이다. 기록에 따르면 '큰 대나무로 통을 만들고 통 안에 작은 탄두를 장착하고 연소시키면 포처럼 발사된다. 150여 보 멀리서도 소리가 들렸다'고 했다.

총알인 자과는 원시적인 자탄(子彈)으로 화약이 점열되면 강한 기압에 의해 총알이 발사되어 나간다. 근대의 소총 또한 이러한 관(管) 형식의 화

---

10 『금사』: 원나라 탈탈 등이 편찬한 135권의 금나라 역사서.

11 『원사』: 명나라 송렴 등이 편찬한 210권으로 된 원나라 역사서이다. 1260년부터 1368년까지의 역사가 기전체 형식으로 적혀 있다.

**송나라 때 발명된 동화창**

기가 점점 발전된 것이다. 돌화창은 근대 소총의 원조라 할 수 있다.

이후 군사 방면에서 화기를 사용하는 기록이 점점 많아졌다. 금나라 애종(哀宗) 때 일찍이 화창을 사용해 원나라 군대를 격퇴했고, 금나라·원나라가 개봉에서 서로 싸울 때는 양쪽이 모두 화포를 사용했다. 원나라에 이르러 철(鐵)이나 동(銅)으로 주물한 형식의 대포가 출현했는데, 이를 '화총(火銃)'이라고 한다.

현재 역사박물관에 보존되어 있는 원나라 지순 3년(1332)에 만들어진 '동포(銅炮)'는 세계에서 가장 오래된 동포로 밝혀졌다. 원나라 말기

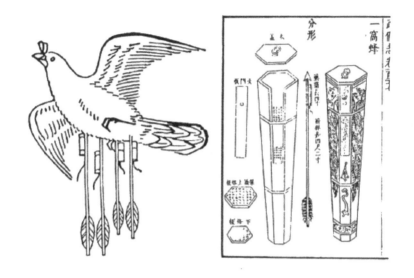

**신화비아(왼쪽)와 일와봉**

의 농민 반란에서는 많은 대포를 자체적으로 만들어 사용했다. 절강(浙江)에는 1356년에 만들어진 대포 2존이 잘 보존되어 있다.

　명나라의 저명한 군사 저서인『무비지(武備志)』에는 무기에 관한 수많은 그림과 설명이 있다. 이 책에는 10개의 화전을 동시에 발사할 수 있는 능력을 갖춘 '화노류성전(火弩流星箭)'이 있다. 또한 32개의 화전을 발사할 수 있는 '일와봉(一窩蜂)'도 있으며, 초급 화전과 비슷한 '신화비아(神火飛鴉)' 등도 있다.

　특이한 것은 '화룡출수(火龍出水)'라는 화기인데 수면 위를 서너 척의

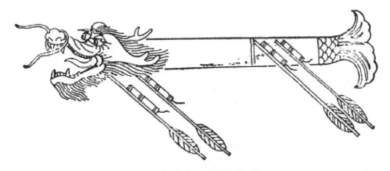

**명나라 때의 로켓 '화룡출수'**

간격을 두고 비행하면서 이삼 리나 멀리 날아가는 화기이다. '마치 화룡이 수면에 나타나듯이 화약통을 장착하고 배 속에 화전(火箭)을 달고 날아가서 사람과 배를 모두 불살랐다'라고 기록하고 있다. 이것은 형식과 모형이 다른 두 종류의 화전을 갖추고 있었다. 또 네 개의 커다란 화전통이 연소되면서 생성되는 반작용력을 이용한 것이다. 용모양의 통이 발사되어 나아가는 데는 네 개의 전통(箭筒)화약이 완전히 연소되었다. 그다음에 용 배 속의 화약이 연소되면서 신기화전(神機火箭)이 여러 방향으로 발사되었던 것이다. 설계나 구조 면에서 매우 발전되었고 정확했다.

명나라 말기에는 동북에서 일어난 만주족의 침입을 막기 위해 병기 방면에서 상당한 발전을 했다. 수초본(手抄本)인 『무비지(武備志)』[12] 속에는

---

12 『무비지』: 명나라 모원의(茅元儀)가 역대 군사 관계 서적 2,000여 종을 모아 240권으로 편찬한 것으로 5개 부문으로 나뉘어져 있다.

당시 사람들이 빠르고 세차게 터지는 둥근 폭탄인 '원탄(圓彈)'을 제조했다고 기록되어 있다. 이를 양 날개에 장착해 요동 전쟁에서 사용했다. 이 원리는 근대의 로켓과 서로 같은 것으로 청나라 건립 후 이러한 병기는 통치를 위해 사용되었다. 따라서 세상에 전해지는 것이 엄격하게 금지되었고 청나라 때의 각본(刻本) 『무비지』에서는 완전히 삭제되었다. 이러한 화약 무기들은 당시 세계 무기 사상 가장 선진적인 것이었다.

화약은 전쟁에 사용되는 무기를 만들었을 뿐만 아니라 불꽃놀이인 염화(焰火)의 원료로도 이용되어 오락품을 만들어 냈다. 『무림구사(武林舊事)』(1163~1189), 『몽양록(夢梁錄)』, 『사림광림(事林廣杯)』 등에는 남송과 원나라 시대에 염화를 사용해 경축일을 축하한 일을 기록하고 있다. 또한 화약은 점차 사람들 사이에서 산을 깎거나, 흙을 파고, 광석을 채취하는 데 이용되었다. 그리고 건설과 노동 생산의 새로운 길을 개척하는 데 공헌을 했고, 인류에게 상당한 편의를 제공했다.

이미 앞에서 언급한 바와 같이 초석에 대해 13세기의 아라비아 서적에는 '중국설' 등의 호칭이 나타난다. 이 호칭은 이미 초가 페르시아, 아라비아 등과의 상업무역을 통해 중국에서 전해졌음을 입증하는 것이다. 화약과 화약 무기는 먼저 아라비아로 전해졌고, 그 후에 유럽으로 건너갔다.

13세기 아라비아의 병서 속에 '거란화창[契丹火槍]', '거란화전[契丹火箭]' 등의 명칭이 보이는데 여기서 거란이란 중국을 뜻한다.

서양사에서는 '1354년 독일에서 화약이 발명되었다'고 말하고 있

**공중에서 폭발하는 비공 진천뢰포**

다. 그러나 중국에서 손사막이 처음 실험한 화약 방법과 비교해 보면 700여 년이나 늦었고, 대량으로 화약을 사용해 무기를 만든 시대보다는 거의 400년이나 뒤처진다.

또한 중국은 12세기에 '화포'를 가지고 있었다. 명나라 홍무 연간 (1368~1398)에 원나라의 부마 티무르가 제국을 건립하고 세력을 확장했다. 그는 화포를 사용해 터키, 페르시아뿐만 아니라 서역 일대를 점령했다. 이 당시에 서방인들이 중국의 신형 화약 무기를 휴대하고 돌아가자 화약 무기는 즉시 유럽 지역으로 전파되어 확산되었다.

엥겔스는 '독일과 유럽 기타 각국은 아라비아 상인들로부터 화약의 제조와 사용법을 배웠다. 아라비아는 동쪽 지역에서 배워 온 것이다'라고 역사적인 사실을 지적했다. 그 후 서방인은 동방의 화약 무기를 사

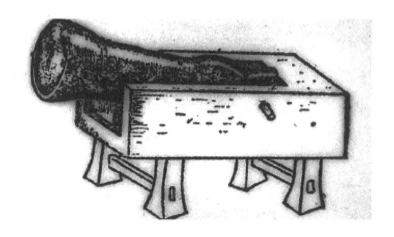

원나라 때 만든 동포(銅炮)

용해 사회의 발전을 앞당겼다.

화약, 제지, 인쇄, 지남침은 세계에서 공인된 중국의 우수한 발명품으로 전 인류에 공헌했으며, 인류의 문명사에서도 찬란하고 영원한 자취를 남겼다.

마르크스는 이러한 역사적 사실에 대해 '화약, 지남침, 인쇄술의 3대 발명은 자본주의 사회의 도래를 예고한 것이다. 화약은 기사층을 분쇄했고, 지남침은 세계시장 개척과 아울러 식민지를 건립했으며, 인쇄술은 새로운 교육의 도구를 탄생시켰다'라고 했다.

제8장

기계

· · ·

　중국인들은 일찍부터 경작 기계, 방직 기계, 교통 기계를 창조하고 개발함으로써 자신은 물론 후대에 더 좋은 노동 여건을 제공하고 생산을 발전시켰다. 이러한 기계는 사람의 힘과 가축의 힘 또는 수력과 풍력을 이용했고, 천연적인 연료를 사용했다. 약 2,000~3,000년 전에 이미 기초적인 원리를 이용한 많은 기계가 오늘날까지도 중국의 광대한 농촌 지역에서 중요한 생산 농기구로 쓰이고 있다.


## 1. 농기구와 농업수리 기계

　현재 농촌에서 사용하고 있는 많은 생산 공구는 노동자들의 오랜 경험과 끊임없는 개량을 거쳐 발전된 것이다. 고대에는 모두 신농(神農)[1], 후직(后稷)[2], 황제 등 신화적 인물과 관계가 깊다. 그러나 이런 공구들은 명칭에서 보이듯 어느 날 갑자기 하루 만에 창조해 낼 수 있거나 한 사람이 창조해 낼 수 없는 것이다.

　낫인 '애(艾)'나 괭이인 '누(耨)', 쟁기와 보습인 '뇌사(耒耜)', 절구공이

---

1 신농: 전설상의 인물·농사일을 개시한 인물로 여겨지고 있으며 도예와 방직과도 관련이 있다.

2 후직: 주(周) 부족의 시조로 농작물 재배 관리를 잘하여 순임금으로부터 농관(農官)으로 임명되었다. 민간에서는 직신(稷神)으로 제사를 지내고 있다.

인 '저(杵)' 등 농기구들은 글자 구조만 봐도 모두 손으로 사용하던 석기 또는 목기와 관련이 있음을 알 수 있다. 대략 신석기 시대이거나 늦어도 석기와 청동기 교체 시대(약 3,000년 전)에 사용되었다. 청동기 시대에 이르러 점차 금속 낫인 '겸도(鎌刀)', 쟁기인 '려(犁)', 괭이 호미인 '서(鋤)' 등은 날이 현대적인 형태의 농기구로 발전되었고, 생산력도 향상되었다.

고대에는 풀 베는 겸도를 애(艾)라고도 불렀다. 그러나 '애'의 글자 속에는 금속으로 만들었다는 뜻은 보이지 않는다.

『주례』[3] 고공기에는 낫이란 뜻의 '겸(鎌)' 자가 있다. 『시경』, 『우공』과 『이아』[4]에서는 낫을 '질(銍)'이라고도 불렀다. 이런 공구들은 글자 자체에 금속의 의미를 포함하고 있다. 누(耨)는 고대에 풀을 자르는 농기구이다. 『여씨춘추』[5]에서 '누의 넓이는 6촌이며 긴 자루가 달려 있다'고 했다. 『회남자』에는 '조개가 서로 비비는 것처럼 맞닿아서 끊는 것이 누이다'라고 했다.

괭이인 누는 말씹 조개껍질을 갈아서 예리하게 만든 것이다. 처음에 중국인들은 대방껍질을 사용해 풀을 베었다. 그 후 몸을 구부리는 불편함과 피로를 극복하기 위해 나무 손잡이를 만들어 달았다.

---

3 『주례』: 유교경전의 하나. 6편으로 되어 있다. 주대(周代)의 관제(官制)를 기록한 것이라 하여 주관(周官)이라고도 하고, 주공(周公)이 찬(撰)한 것이라 한다.

4 『이아』: 기원전 2세기경 주나라의 주공이 지은 것으로 전해지는 자서(字書). 중국에서 가장 오래된 자서로 『시경』, 『서경』 중의 문자를 추려 19편으로 나누고 자의(字意)를 전국·진한대의 용어로 해설한 것인데 3권으로 되어 있다.

5 『여씨춘추』: 진(秦)나라 때의 사론서(史論書)로 26권으로 되어 있다. 진나라의 여불위(呂不韋)가 빈객 3,000명을 모아서 편찬했다 하여 『여람(呂覽)』이라고도 한다.

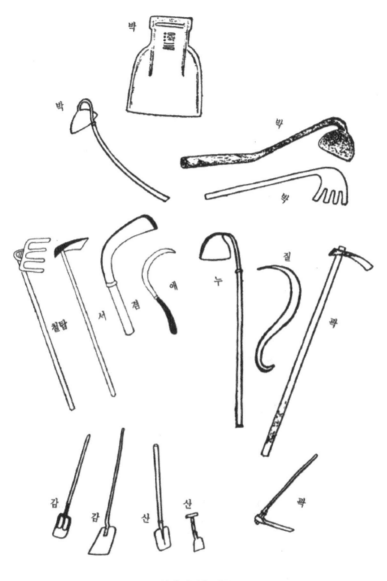

여러 가지 농기구

청동기 시대에 이르러서야 비로소 금속으로 만든 괭이 호미들인 '박(鎛)', '서(鋤)' 등 현대 형식의 경작 공구가 만들어졌다.

다른 농기구로 처음에 '촉(欘)' 또는 '노감(魯砍)'이라고 불리다가 청동기 시대에 이르러 '곽(钁)'이라 불렀다. 크기와 넓이는 좀 다르지만 모양은 서와 비슷하다. 예리한 석편이나 철편을 긴 나무 손잡이에 수직으로 장치하고 힘을 이용해 위로부터 아래로 땅속에 꽂았다. 또한 지렛대 원리로 긴 장대 손잡이를 잡아당겨 흙을 파냈다. 이렇게 휘두르는 힘을 이용해 흙을 파내는 농기구를 발명했다.

세계 각지에서 흙을 파내는 공구는 모두 일반적으로 정적인 힘을 이용하는 삽인 '산(鏟)'이었다. 이때까지 광산노동자와 길 닦는 사람 이외에는 괭이를 사용할 줄 아는 사람은 극히 적었다. 기계 작업의 효율성도 곽이 산에 비해 훨씬 뛰어났다. 그러나 곽은 하나의 쇠붙이 조각이 땅속에 들어갔을 때 토양과 접촉하는 면적과 토양에 대한 저항력이 커져서 땅속 깊이 들어가기 어려웠고, 더욱이 점토지대인 남방 지역에서는 사용하기가 더욱 불편했다.

그러나 중국인들은 이러한 곤란을 극복하기 위해 오늘날 남방에서 많이 사용하고 있는 쇠스랑인 '철탑(鐵搭)'을 발명했다. 쇠스랑은 보통 네 개 또는 여섯 개의 이빨을 가진 곽으로서, 이빨 형태가 길고 예리해 토양과의 접촉면이 작고 저항력도 작았다. 이런 농기구는 화북에서 일반적으로 '정파(釘耙)'라 불렀으며, 북경 근교에서는 '사치(四齒)'라고 불렀다. 철탑이 언제 발명되었는지는 알 수 없지만 서광계의 『농정전서』

에서 지금 사용되는 쇠스랑과 동일한 그림을 찾아볼 수 있다.

또한 '뇌사'인 쟁기는 일종의 밭갈이하고 흙을 뒤집는 농기구인데 고대 농업에서 매우 중요한 역할을 했다. 일반적으로 신농씨가 만들었다고 전해진다. 『역경』[6]의 「계사(系辭)」에 '쟁기 나무가 뇌이고, 보습이 사이다'라고 했다. 뇌와 사는 모두 나무로 만들어졌다. '뇌'는 쟁기술로 길이가 6척 6촌이며, '사'는 흙을 뒤집는 보습으로 넓이가 5촌이다. 뇌에는 횡목이 하나 있는데 힘으로 눌러 찌르는 편리한 작용을 한다. 청동기 시대에 사는 목제로 만들지 않았다.

우경은 비교적 늦게 시작되었다. 고대에 소는 제사용 이외에 잔치, 수레, 고사를 하는 데 사용되었다. 공자 시대(기원전 551~기원전 479)에 이르면 우경의 기록이 있다.

그리고 다른 쟁기인 '여(犁)'는 밭갈이 농기구로 소를 사용해 농업의 생산을 발전시켰다. 여의 구조는 주로 세 부분으로 나눌 수 있다. 철제 부분의 쇳조각 보습인 '참(鑱)', 목제 손잡이 막대기인 '초(梢)'와 연결 막대기인 '반(槃)'이 있다. 여초(犁梢)는 사람이 잡는 손잡이고, 여반(犁槃)은 초와 연결하는 막대기인 성에, 여참(犁鑱)은 흙을 뒤엎는 보습이다. 쟁기의 형태는 기본적으로 변화가 없었다.

한나라 무제 시대(기원전 140~기원전 87)에 조과(趙過)라는 사람이 있었는데 쟁기를 '3각려(三脚犁)'로 개량했다. 이것은 소가 쟁기를 끌면서 씨와

---

6 『역경』: 중국의 고전인 5경(詩·書·易·春秋·禮記)의 하나. 『주역(周易)』이라고도 한다. 내용은 음과 양의 두 개 부호를 가지고 64괘, 384호를 합성시켜 길흉화복을 설명한 것이다.

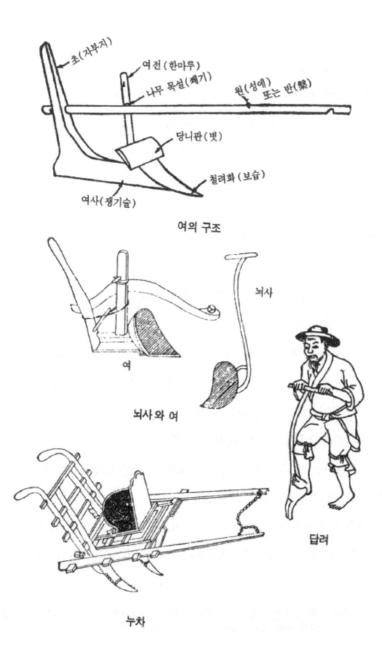

초 (자부지)

여전 (한마루)

나무 목설 (쐐기)

원 (성에)
또는 반 (槃)

당니판 (볏)

철려화 (보습)

여사 (쟁기술)

여의 구조

여

뇌사

뇌사와 여

답려

누차

종자를 뿌렸기 때문에 인력을 절약할 뿐만 아니라 생산도 몇 배나 증가시켰다.

어떤 사람은 이런 쟁기를 '삼각루(三脚樓)' 또는 '누려(樓犁)', '누차(樓車)'라고도 불렀다. 지금의 하북, 산동 일대에서는 아직도 사용되고 있다. 섬서 관중 일대에서는 겨리쟁기인 '사각루(四脚樓)'를 사용하고 있다. 네 마리 소를 사용해 경작하는 것으로 대단히 편리하다.

송나라 순화(淳化) 5년(994) 지금의 안휘성 영주(潁州)와 하남 동부의 회하 유역에서 가축병이 유행해 많은 경작용 소가 죽었다. 따라서 노동력을 보충하기 위해 사람이 밟아서 사용하는 '따비[踏犁]'를 만들었다. 사람이 이것을 밟아서 흙을 파 앞으로 던지는 것이다. 이것은 경덕 2년(1005)에 이르러 하북 각지로 확산되었다.

쟁기는 깊이 가는 데 사용되었다. 육조 시대에 이르러 중국인들은 이미 흙을 파서 부서뜨리면 더 많은 수확을 얻는다는 것을 알았다. 흙을 파서 부서뜨리는 농기구를 '철치누주(鐵齒鋤鑄)'라고 했는데 이것이 바로 지금 사용하고 있는 '인자파(人字耙)'이다. 후에 발 나래인 사각형 '방파(方耙)'도 사용되었다. 써레질할 때 소가 앞에서 끌고 사람은 써레 위에 올라타서 체중에 의해 써레 날이 땅속 깊이 들어가게 했다.

500년경 중국인들은 가을철의 비 온 후에는 토지가 더욱 단단하게 굳어진다는 것을 알았다. 따라서 화북 각지에서는 모두 나뭇가지로 만든 끌개인 '노(勞)'로 밭을 고르고 흙을 부드럽게 했다. 이런 농기구를 '마(摩)'라고도 부르는데 북경에서는 '개(盖)'라고 부른다.

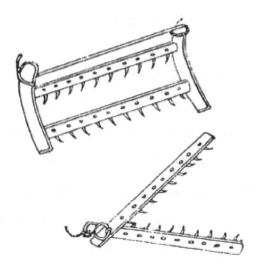

써레의 일종인 방파와 인자파

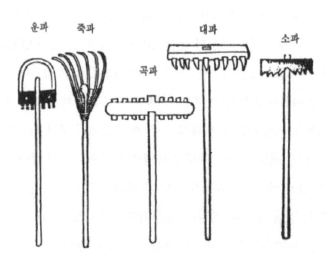

운파　죽파　　　대파　　소파

곡파

파(고무래)의 종류

녹독(왼쪽)과 절구

수나라, 당나라 때 중국인들은 파종하고 나서 반드시 땅을 약간 다졌다. 그렇지 않으면 흙이 들고 일어나서 뿌리가 자리 잡지 못한다는 것을 알았기 때문이다. 그래서 중국인들은 굴려서 홈을 고르는 롤러인 '녹독(碌碡)'을 발명했는데, 이 기구를 이용해 대규모로 땅을 고를 수 있었다. 이런 농기구는 지금도 화북 각지에서 일반적으로 쓰이고 있다.

북경에서는 보통 하나의 둥근 돌을 사용하는 '압자곤(壓子砹)'을 만들었다. 두 개의 석곤을 사용하는 것을 '등자(磴子)'라고 한다.

절굿공이와 절구인 '절구[杵臼]'는 표피 마찰을 이용해 껍데기를 깨끗이 벗겨 없애는 농구이다. 고대에 '저(杵)'인 절굿공이는 하나의 나무 막대였으며 '구(臼)'인 절구는 땅에 파놓은 구덩이였다. 이후 구는 점차 개량되어 돌로 만들어 이동할 수 있게 했다.

대(왼쪽)와 수대

대략 3,000년 전 절구는 디딜방아인 '대(碓)'로 개량되었다. 방아는 여전히 절구의 원리 즉 절굿공이를 돌로 만들어서 들어 올리는 지렛대 원리를 이용한 것이다. 사람이 발로 밟아 움직였지만 작업 효율은 대단히 높았다. 이후 기원전·후에 이르러 수력으로 지렛대와 기어의 원리를 이용한 물레방아인 '수대(水碓)'를 만들어 더욱 많은 인력을 절감할 수 있었다.

270년경에 이르러 두예(杜豫, 222~284)[7]가 연자방아인 '연기대(連機碓)'를 발명했다. 두예는 수력을 이용해 수륜을 작동시키고 바퀴 축의 한쪽에 움직이지 않게 단횡목을 장치했다. 각각 각도가 다른 기어였으

7 두예: 서진 시대의 정치·경제·법률학자이다. 천문학, 수학에 능통했다.

농마

므로 바퀴 축이 돌면 횡목과 연속적으로 맞물려 방아막대를 움직여 쌀이 찧어지는 것이다. 이러한 장치는 수력을 이용함으로써 효율을 높여 주었다.

대략 춘추 시대 기원전 530년경 공수반(公輸般, 기원전 507?~기원전 444?)[8]이 맷돌인 '마(磨)'를 발명했는데 '마제(磨臍)', '마안(磨眼)', '마반(磨槃)' 등으로 구성되었다. '누두(漏斗)'에 양식을 가득 놓아 마안인 맷돌 구멍으로 흘러 들어가게 했다. 이는 지금 사용되고 있는 '마'와 비슷한데 공수반은 이것을 '연(碾)'이라고 불렀다. 지금 절강 일대에서는 '농(礱)'이라고 부르고 있으며 '농마(礱磨)'라고도 부른다.

---

8 공수반: 춘추 전국 시대의 건축가로 노반(魯班)이라고도 부른다.

**수통**

　고대의 맷돌인 '농'은 겉은 대나무로 만들고 안을 진흙으로 발랐다. 농의 표면은 대나무를 빽빽하게 세워 놓은 형태로서 곡식을 갈더라도 쌀이 손상되지 않게 했다. 맷돌을 돌릴 때는 막대기를 사용했다. 맷돌에 가로 막대를 끼워 넣고 새끼줄을 대들보에 매달아 놓아 사람이 앞뒤로 밀어 움직이게 했다. 이것은 전후 운동을 회전운동으로 변화시킨 것이다. 이런 운동 전환의 방법은 지금 기차머리의 피스톤 전후 운동이 크랭크기어의 왕복운동으로 바뀌는 원리와 같은 것이다.

　농마 또한 가축의 힘으로 끄는 것이 있었으나 후에는 수력으로 농마를 작동시켰다. 이것은 대략 3세기에 발명되었는데 중국인들은 1300년 무렵에 이르러서 바퀴의 원리를 정확하게 발견했다. 왕정의 『농서』에서 농마는 '가축의 힘으로 큰 바퀴를 돌렸다. 가죽이나 큰 새끼줄로 두 바퀴를 감았으므로 농보다 나았다. 새끼줄 바퀴가 한 바퀴 돌 때 농은 15바퀴를 돌았으므로 인력이 크게 줄어들었다'라고 했다.

돌로 만든 맷돌은 무거웠으므로 보리가 가루로 분쇄될 수 있었다. 『설문』에는 '면(麵)' 자가 있다. 이는 2,000년 전에 중국인들이 밀가루 음식을 알았다는 것을 뜻한다. 그러나 돌맷돌인 '석마(石磨)'를 만들기 전에도 철기가 있었다고 하므로 밀가루 음식의 보급은 대개 진나라와 한나라 사이라고 할 수 있다. 맷돌이 생긴 후로부터 식품 종류가 더욱 다양해졌다.

두예는 가축의 힘을 이용하는 '연전마(連轉磨)'도 발명했다. 연전마는 중간에 하나의 큰 바퀴가 있고 가축의 힘으로 돌리며 바퀴 축은 원추형 절구통 속에 세워져 있다. 위에서는 나무 선반이 통제하므로 기울어져도 넘어지지 않았다. 바퀴 주위에는 여덟 개의 맷돌이 배열되었는데 바퀴 폭과 맷돌 주변 모두가 나무 이빨로 서로 연결되어 하나의 완전한 기어계로 구성되었다. 소가 바퀴 축을 끌면 여덟 개의 맷돌이 동시에 회전했으므로 많은 노력을 줄일 수 있었다.

이후 또 장기적인 개량을 거쳐 대략 600년 무렵의 중국에서는 더 복잡한 '수전연마(水轉連磨)'가 발명되었다. 이런 연마는 급류가 있는 큰

수전연마

하천에 설치되었으며 큰 물바퀴 하나를 사용해 많을 때는 아홉 개까지 맷돌을 돌릴 수 있었다.

이런 물맷돌인 '수마(水磨)'는 과거 화북 지방의 물살이 센 지역인 북경 서교(西郊) 일대에서 볼 수 있었다. 모두 민간에서 가루를 만들어 내는 주요한 공구였다. 강서 등지에서도 같은 수마를 이용해 차(茶)를 갈고 찧었다. 근년에 강서성 성자현(星子縣)과 사천의 구채구(九寨溝)에서 모두 이런 수마가 발견되었다.

맷돌의 발명과 동시에 연자매인 '연(碾)'도 발명되었다. 1950년대에 연자매는 전국 각지에서 보편적으로 이용되었다. 연자매는 '곤전(棍輾)'이라고도 불렀다. 4~5세기에 최량(崔亮)이 두예의 연마방법을 참고로 수력을 이용해 물연자매인 '수연(水碾)'을 만들었다. 이런 물연자매는

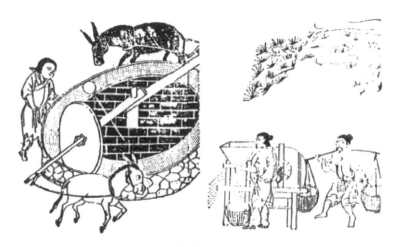

석연(왼쪽)과 풍선차

운남성, 귀주성, 호남성, 사천성 등지에서 아직까지도 볼 수 있다.

왕정의 『농서』 속에는 양곡기인 '선차(扇車: 절강 일대에서는 풍차)'가
있다. 이 구조에는 이미 풍선(風扇), 크랭크와 활문(活門) 등의 기계장치
가 이용되었다. 『천공개물』에는 '풍선차(風扇車: 당시에는 풍차)' 그림 한
폭이 있다.

서한의 사유(史游)가 쓴 『급구편(急救篇)』에 따르면 대략 2,000년 전
중국인들은 이런 선차를 사용했다고 했다. 유럽에서는 13세기에 이와
유사한 공구를 사용했으니 중국보다 1,400년이나 늦었다.

중국은 수리관개 방면에서도 탁월한 성과가 있었다. 제일 빠른 것은
맞두레인 호두(戽斗)이다. 공유(公劉)가 발명했다고 전해지는 것으로서
지금부터 3,500여 년 전에 만들어졌다. 호두는 합력(合力)과 분력(分力)

호두

의 역학의 원리를 이용한 것이다.

호두는 버들가지 또는 나무로 만든 두레박 양쪽에 각기 두 개의 끈을 연결시켜 두 사람이 서로 마주 서서 끈을 당기면 두레박이 앞 방향으로 움직인다. 따라서 호두를 이용하면 물을 낮은 곳에서 높은 밭으로 퍼 올릴 수 있었으므로 화북 일대에서 매우 많이 통용되었다. 예전에 산서성 해주(解州)의 염지(鹽池)에서 염공들이 호두를 사용해 소금을 만들었다.

이외에 기원전 1700년경에 용두레인 '길고(桔槹)'가 출현했는데, 이윤(伊尹)이 발명했다고 한다. 길고는 지렛대의 원리를 이용한 물 푸는 농기구이다. 우물가에 큰 나무나 선반을 매달고 하나의 가로 장대를 걸쳐

길고(왼쪽)와 녹노

놓는다. 장대의 한쪽 끝에 또 다른 긴 장대를 하나 매달아서 여기에 물통을 걸어 우물 속으로 떨어뜨린다. 가로 장대의 다른 한쪽 끝에는 돌을 매달아 중량이 평형되게 했다.

이런 길고는 중국 각지 농촌에서 오랫동안 많이 사용되었다. 서방에서는 이집트가 제일 먼저 발명했는데 대략 기원전 1550년 전후로서 중국보다 약 2세기나 늦다. 길고의 단점은 수심이 얕은 곳에서만 물을 퍼 올리는 데 사용된다는 것이다.

만약 깊은 우물에서 물을 퍼 올리려면 '녹노(轆轤)'를 사용해야 한다. 녹노가 언제 발명되었는지 모르지만 왕정의 『농서』에는 상세한 설명이 있다. 하나의 매우 단단한 횡축 위에 물두레박을 걸어 밧줄을 감고

**번차**

한쪽 축에는 크랭크 손잡이를 장치한다. 사람이 크랭크를 돌리면 우물 밧줄이 물두레박을 끌어올려 물을 퍼 올린다. 녹노 또한 중국 농촌에서 오랫동안 사용되었다.

중국 남방의 강소성, 절강성, 호남성과 사천성 등의 각지에서 광범 하게 사용되던 '수차(水車)'는 230~240년에 마균(馬鈞, ?~?)[9]이 발명했 다. 마균 이전에 한나라 영제 때(168~189)에는 필남(畢嵐)이라는 사람이 물을 끌어올리는 '번차(翻車)'를 만들었다고 하는데, 이 번차가 지금의 수차인지는 확실하지 않다.

수차는 '용골(龍骨)' 또는 '번차'라고 불렀다. 기어와 쇠사슬처럼 연결

---

9 마균: 삼국 시대의 발명가로 방직기뿐 아니라 지남차, 용골차, 석차 등을 개량했다.

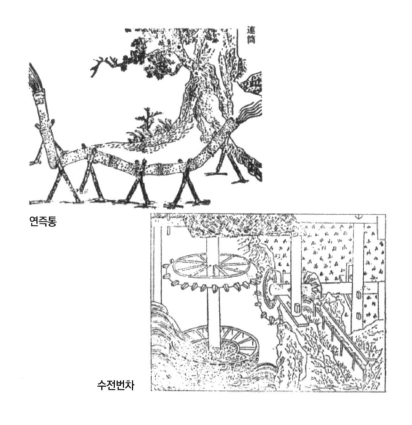

연즉통

수전번차

된 사슬 펌프인 '연즉통(鏈啣筒)'을 이용해 물을 푸는 것이다. 차의 몸은
좁고 긴 판조(板槽)로서 중간에 하나하나 수직으로 세운 목판[龍骨板]을
쇠사슬처럼 연결해 안장했으며, 커다란 축을 싸고 있는 기어와 연결했
다. 용골판의 넓이는 물통과 똑같이 만들어져 판조의 한쪽 끝에 물이 채
워지면 동시에 윤축이 돌아가 물을 끌어올릴 수 있었다. 큰축을 쉽게 움
직이게 하기 위해 보통 대축의 양끝에 네 개의 막대기를 장치해 언덕 위

의 선반 아래에 놓았다. 사람이 선반에 매달려 막대기를 밟음으로써 용골판이 끊임없이 차를 돌리게 되어 물을 언덕으로 끌어올렸다.

원나라에 이르러 1300년경에 수차는 여러 번의 개조를 거쳐 소의 힘을 이용해 돌리는 '우전번차(牛轉翻車)', 물의 힘을 이용해 돌리는 '수전번차(水轉翻車)'가 발명되었다. 또 명나라 말년에는 바람의 힘으로 돌리는 '풍전번차(風轉翻車)'도 있었다. 이런 수차는 모두 기계를 이용한 것으로 인력을 대치했다. 강절 평원에서는 보편적으로 우전번차를 사용했다. 호남성, 사천성, 귀주성, 감숙성 등의 물살이 센 지방에서는 모두 수전번차를 사용했다. 당고(塘沽)와 대고구(大沽口) 해변 주민들은 풍전번차를 이용해 바닷물을 끌어들여 소금을 만들었다.

또한 일종의 '통차(筒車)'가 있었다. 당·송 시대의 문학 속에는 '수륜(水輪)'에 대해 쓴 시(詩)와 부(賦)가 있다. 이들 문학에서는 수륜의 관개 효과로 '물을 높고 먼 지역으로 보낼 수 있다'고 묘사했다. 시문의 내용으로는 그 모양을 알 수 없지만 위에서 말한 수차와는 다르다는 것을 알 수 있다. 왕정의 『농서』 권18에서는 이것을 '통차'라고 했다.

통차의 구조 원리는 수차와 같지만 통차의 큰 바퀴는 육지보다 높게 있으며 물속에도 한 개의 바퀴가 있다. 또한 용골판을 사용하지 않고 대나무통 또는 나무통을 매단 나무 벨트가 두 개의 바퀴를 둘러싸고 있다. 통차는 인력을 사용하지 않고 수력을 이용했다. 수력이 바퀴를 돌려 작동시키면 목권대가 대나무통을 이끌어 물바가지를 회전시켜 끊임없이 돌게 했다. 이것은 시부에서 묘사한 것과 같다.

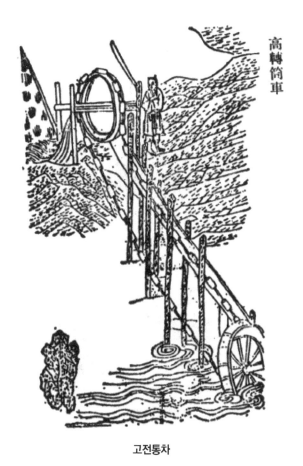

高轉筒車

고전통차

당·송 시기에는 윤축이 발달했고, 수차에 대한 개조를 거쳐 통차가 만들어졌다. 통차는 당시 일반적으로 사용되었고, 관개의 중요한 기구로 사용되었으며, 효과가 좋아 사람들에게 칭찬을 받았다.

사서의 기록에 따르면 1075년 큰 가뭄으로 운하가 말라서 배가 왕

**감숙성 난주의 수차**

래하지 못했다. 이에 지방관리는 42개의 관통(管筒)을 장착한 통차를 보내서 양계(梁溪) 지역의 물을 5일 동안 퍼 올려서 운하를 소통시키고, 선박이 다닐 수 있게 했다. 이러한 통차의 효과는 인력으로 밟아서 돌리는 수차와는 비할 수가 없었다.

수차들은 모두 운하나 해변가에서만 사용되었다. 그리고 반드시

비스듬한 곳에 장치되어야 했으므로 물이 없거나 가뭄 지역에서는 쓸모가 없었다. 명나라 말 하남성 일대에서는 많은 우물을 파서 관개했다. 이에 계속적으로 물을 푸는 '용골수두(龍骨水斗)'를 발명했다. 연속되어 있는 두레박을 큰 바퀴에 붙들어 매고, 윤축에 수직 기어인 입치륜(立齒輪)을 설치했다. 이 수직 기어와 윗부분의 수평 기어인 와치륜(臥齒輪)이 서로 맞물렸다. 소나 말이 수평 기어를 끌면 수직 기어가 돌아가서 물바가지가 끊임없이 우물로부터 물을 끌어올렸던 것이다. 50년대에는 난주(蘭州)의 황하변에 설치한 대형의 입식 수차를 볼 수 있었다.

중국인들은 농전을 위한 관개와 농산품의 가공 그리고 각종 관련 기계들을 만들어 냈다. 따라서 이들 덕택에 노동력이 절감되고 생활이 편리해졌다. 중국인들의 수많은 농구와 농업기계는 과학의 원리를 정확하게 이해하고 만든 발명품이다.


## 2. 방직기계

중국은 세계에서 제일 먼저 견직물을 생산한 나라로 일찍이 기원전 2,000년 전에 벌써 누에고치에서 실을 켜는 물레인 '소차(繅車)'와 베틀에 딸린 씨를 푸는 '기저(機杼)'를 발명했다. 원래 중국인들은 주로 짐승의 가죽을 입었지만 견직물의 생산으로 의복 재효가 더 늘었다. 『시경』과

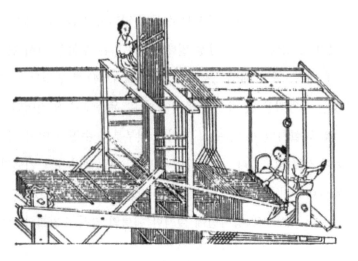

제화기

기타 고전에서는 고치실을 뽑아 천을 짜는 기록을 많이 찾아볼 수 있다.

『회남자』에서는 고대 중국인들이 처음에는 풀솜실인 '괘사루(絓絲縷)'로 원시적인 견직을 만들었다고 한다. 이후에 간단한 직기가 발명된 후부터 대량으로 생산했다. 『시경』 「소아」 편 대동에는 베틀의 북인 '저유(杼柚)'에 대한 기록이 있다. 이로 볼 때 유왕(幽王) 시대(기원전 781~기원전 771)의 방직기는 간단하지 않았음을 알 수 있다. 이런 방직기는 끊임없는 개량을 거쳐 한나라 소제(昭帝) 시기(기원전 86~기원전 74)에 진보광(陳寶光)의 부인(지금의 하북성 거록현 사람)이 '제화기(提花機)'를 만들었다. 그는 120개의 발판인 '섭(囁)'을 이용해 60일이면 꽃비단 한 필을 만들었다. 제화기는 날이 갈수록 더욱 간단하게 진보되었다. 발판인 섭도 감소되어 삼국 시대 때에 마균은 12섭을 완성했고, 남조 때 일반적으로 2섭을 사용했다. 이런 개량된 제화기는 방직품을 더욱 정교하게 만들었고, 더욱 간단하고 쓰기 적합하게 사용되어 빠르게 각지로 보급되었다. 이후의 방직기는 모두 이런 제화기를 개량한 것이다.

중국의 견직기술은 오랜 경험과 방직공들의 숙련된 기술로 세계적으로 아주 높은 평가를 받았다. 중국의 견직물은 자급자족되었을 뿐만 아니라 독일, 페르시아와 유럽 사람들이 제일 좋아하는 상품이 되었다. 1300년 무렵 중국의 견직 공업은 세계에서 가장 발달했다. 견직물 무역은 아시아와 유럽의 대륙 교통로를 발달시켰다. 유럽 사람들은 오늘날까지도 이 육상 교통로를 실크로드인 '비단길[絲綢之路]'[10]이라고 부른다.

유럽 사람들의 마음속에 비단은 휘황찬란한 동방 문명을 대표한 것이다. 오늘날 유럽에서 '사(絲)'와 '차(茶)'의 발음은 중국에서 부르는 것과 같다.

목면(木綿)은 열대의 식물로서 한나라 이후에 월남에서부터 중국에 전해 들어온 것이다. 송원 나라 사이에 이런 초보적인 목면은 점차 강소, 절강 일대로 보급되어 중국의 농업생산에서 중요한 위치를 차지하게 되었다. 목화를 천으로 만들기 위해 1300년에 중국인은 비단 짜는 경험을 바탕으로 면방직 기계를 창조했다.

면화씨를 제거하는 기계로 '목면교차(木綿攪車)'가 있다. 이것으로 목

---

10 비단길: 근대에 와서 내륙 아시아를 횡단하던 고대 동서 통상로인 실크로드를 칭한다. 동방에서 서방으로 간 대표적 상품이 중국산 비단이었던 것에서 유래했다. 서방으로부터도 보석·옥·직물 등이 수입되었다. 불교·이슬람교 등도 이 길을 통해 동아시아에 전해졌다.

제8장 | 기계  199

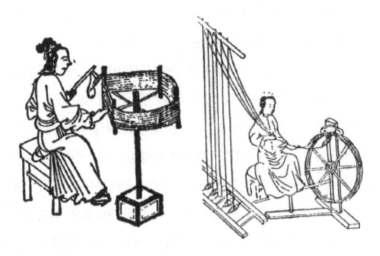

모면발차(왼쪽)와 목면선가

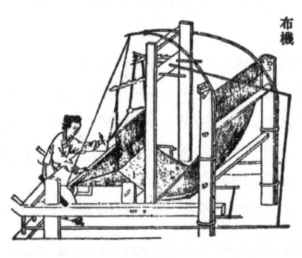

布機

포직기

화씨를 제거하고 목화솜 뭉치인 피자로 만들었다. 여기에는 물레인 '방차(紡車)', '위차(緯車)', '경차(經車)', '경가(經架)' 등이 이용되었다. 피자를 면 짜는 실[棉紅]로 만드는 '발차(撥車)'와 네 개의 피자를 하나로 합성시키는 '선가(線架)'가 있었다. 이런 기계는 원래의 직기와 함께 농촌의 면포 방직 문제를 해결했으며, 면포의 보급을 더욱 활발하게 했다.

삼[麻]과 칡[葛]은 원래 야생식물이었지만 주나라 초에 이미 남방에서 재배되었다. 삼과 칡으로 만든 방직품은 고대에 매우 중요한 의복 재료였다. 삼과 칡은 성질이 서로 다르므로 각기 특별히 만든 기계를 사용했는데 '마방차(麻紡車)'는 목면방차보다 컸다. 이런 방차와 '마포직기(麻布織機)'는 강서 호남의 농촌 지역에서 장기적으로 많이 사용되어 왔다.

이외에 진·한 이래 중국에는 모직물도 매우 발달되어 '갈색 양탄자'가 있었다. 모직실을 만드는 데에 북인 '추(砶)' 또는 '추자(墜子)'가 사용되었다. 고고문물 중에서도 많이 발견되었는데 안양에서 발굴된 은나라 유물 중 '추자'는 마실을 뽑기 위해 사용되었던 것 같다.

### 3. 교통 기구

수많은 고대 서적 중『회남자』에서는 '비연(飛蓮)이 도는 것을 보고 수레를 만들게 되었다'라고 했다. '비연'이란 풀의 한 종류로 줄기가 한

척가량 되며 잎은 크지만 뿌리가 얕게 박혀 있다. 따라서 바람이 불면 뿌리가 뽑혀서 바람 따라 회전했다. 이를 보고 사람들은 수레를 제조하게 되었다.

영국인 니이담은 약 4,500~3,500년 전에 중국에서 제일 먼저 수레를 발명했다고 말했다. 하나라 때의 도자기에는 벌써 수레바퀴에 꽃무늬가 있었다.『좌전』에는 하나라 초에 계중(奚仲)이 수레를 발명했다고 했다. 은나라 유물 중에서도 순장되어진 수레가 발견되었다. 갑골문자에 따르면 '거(車)' 자는 이처럼 생겼다.

갑골문 중의 車자

은나라는 반경(盤庚)으로 천도한 후의 명칭으로 기원전 1400년 전부터 기원전 1100년까지를 가리킨다. 문자의 형식에서 당시의 수레는 이미 수레 몸체인 '거상(車廂)', 수레의 앞 양쪽에 대는 긴 채인 '거원(車轅)'과 두 개의 바퀴를 가진 구조로 상당히 완비된 교통용구였다. 거원이 있었다는 것은 이미 가축의 힘을 이용해 끌었다는 것을 나타낸다. 주나라 때 이르러 수레의 종류가 다양해졌다. 두 사람이 앞뒤에서 드는 수레인 '여(輿)'와 두 바퀴가 달려 끌거나 밀었던 '연(輦)'이 있었다. 그리고

202

국

녹거

여

연

면련

수레의 종류와 수레 제작도

진시황릉 2호에서 발견된 동차마

전쟁에 쓰는 각종 '전차[戎車]'와 왕후 장상들이 쓰는 '노차(路車)'도 있었다. 『시경』에는 노차에 색칠하고 아름다운 깃발을 꽂았으며, 문죽(文竹)으로 엮은 수레 몸체도 있었다. 또한 물고기 가죽으로 만든 화살 주머니를 달고, 큰 키의 커다란 말이 정교한 방울을 달고 수레를 끌었다고 했다.

이런 수레들은 노차나 여를 불문하고 모두 중국 고대 사람들의 우수한 창조품이다. 이 시기에 중국인들은 벌써 금속의 굴대축인 베어링을 이용해 마찰을 감소시켜 차축과 마차 바퀴의 효율을 증가시켰다. 당시의 금속 굴대축에 베어링인 '강(釭)'이 양쪽에 모두 박혀 있었다. '강'은 처음에는 동(銅)으로 만들어졌으나 후에는 철(鐵)로 만들었다.

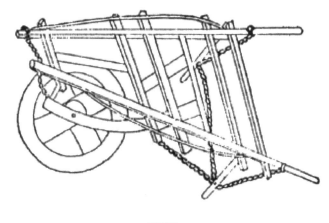

독륜거

　근래 섬서성 임동현(臨潼縣)에서 발굴된 진나라 '동차마(銅車馬)'는 정교하고 그 장식과 조각 그림이 아주 섬세하다. 이는 당시 수레의 확실한 모형으로 세상에서 회귀하고 정교할 데 없는 구리 예술품이다.

　초기의 수레들은 안정되고 쉽게 넘어가지 않도록 하기 위해 바퀴를 두 개 장착했다. 그러나 바퀴가 하나인 외발 수레 '독륜거(獨輪車)'의 발명은 이보다 1,000년이나 늦었다. 삼국 시대에 제갈량이 산지를 행군하게 되었다. 보통의 수레로는 양식을 운반할 수가 없자 '목우류마(木牛流馬)'를 발명했다. 이것은 인공적으로 만든 마차[牛馬]이다. 사실상 '목우'는 앞채가 있는 작은 수레이며, '유마'는 바퀴가 하나인 손으로 미는 수레이다. 이것이 바로 사천성 농촌 특히 성도(成都) 일대에서 일반적으로 사용되는 '계공거(鷄公車)'이다. 사천성 동쪽에서는 '강주거자(江州車

바다를 항해하는 해창선

子)'라고 불리는 것이다. 촉한 때에 사천성 동부에 강주현이 있었는데 아마 그 당시 제갈량이 강주에서 이런 수레를 설계했거나 처음 행군한 것에서 유래한 듯하다.

수레를 발명한 비슷한 시기에 중국인들은 『세본(世本)』의 기록에 '낙엽이 물 위에 떠 있는 것을 보고 배를 만들게 되었다'라고 했으며 『회남자』에서는 '고목이 물 위에 떠 있는 것을 보고 배를 만들게 되었다'고 했다.

이후에 황제(黃帝), 오구(處媾), 화고(化孤), 반우(番禺), 백익(伯益), 공추

(王揰) 등의 발명과 개량을 거쳐 삿대인 '고(篙)', 노인 '장(槳)', 키인 '타 (舵)', 거룻배인 '봉(蓬)', 돛인 '범(帆)' 등을 더 갖추어 완비했다.

『시경』에서는 '배를 만들어 교량으로 삼는다'라고 했다. 이것은 3,000년 전에 중국인들이 벌써 배로 떠 있는 다리인 '부교(浮橋)'를 만들 줄 알았다는 것이다.

배의 응용은 기원전 700년부터 기원전 500년 사이의 춘추 시대에 대단히 발전되었다. 지금의 섬서성 위수(渭水)의 동쪽에서 나가 황하로 들어간 다음 다시 북쪽으로 꺾여 산서성 강주(絳州)의 분수(汾水)에 이르는 600~700리의 긴 수로는 당시 배들의 내왕으로 운수가 번영한 곳이다. 그뿐만 아니라 당시 제후국들 사이에 늘 전쟁이 있어 수군을 출동시켰다.

춘추 말년에 오나라와 제나라가 싸움을 했다. 오나라의 해군이 지금의 강소에서 항해해 산동 지역으로 쳐들어갔다. 이렇게 항해할 수 있었던 것은 견고한 선박이 있었을 뿐만 아니라 비교적 수준 높은 항해 기술도 있었기 때문이다.

중국 고대의 조선 사업이 이처럼 위대한 성과를 가져오게 된 것은 바로 중국인들이 일찍부터 못인 '정자(釘子)'와 오동나무 기름인 '동유(桐油)'를 사용할 줄 알았기 때문이다.

못은 초기에 대나무가 재료였으나 후기에는 금속으로 바뀌었다. 못과 동유는 원래 간단한 물건이지만 서양에서는 서로마 제국 후기 (400~500)에도 배를 만들 때 가죽 조각만 사용하고 못을 사용할 줄 몰랐다. 동유는 중국의 특산으로 줄곧 배의 목제를 보호하는 데 쓰였고 근대에 이르러서도 여전히 주요 공업원료의 하나로 수출된다.

사서의 기록에 따르면 기원전 150년 무렵 한나라 무제는 곤명 호수에서 해군을 훈련시켰고, 1,000여 명을 수용할 수 있는 큰 전함을 만들었다. 진(晉)나라 왕준(王濬)이 제조한 커다란 전함은 사방 120보로서 2,000여 명을 태울 수 있었다. 또한 '누각[樓]'도 있었으며 배 위에서 말도 달릴 수 있었다. 수나라의 양소(楊素)는 800명을 태울 수 있는 5층 높이의 대전함을 만들었다. 그 후 전함은 당·송·원나라의 발전과 상업·교통·운수에 이용되었다. 해상에서 항행하는 중국의 선박 가운데서 가장 큰 것은 30만 근(斤) 이상의 물건을 실을 수 있었다.

남북조와 수·당 사이에 중국 해안에서 직접 페르시아만까지 왕래하면서 무역을 진행한 것은 대부분 중국의 큰 선박들이었다. 이 선박의 장비는 완전했고 스스로 지킬 수 있는 무기와 '돛[帆]'과 '닻[錨]'도 있었으며 작은 구명선도 있었다. 갑판의 선원 또한 조직과 규칙이 있었다. 송나라 이후 중국의 선박은 지남침의 발명과 응용, 그리고 많은 돛과 수많은 돛대인 '장(檣)' 그리고 방수 구획인 '격리창(隔離艙)' 등 발달된 기술로 동남아 해상을 장악했다.

송나라 시대는 중국의 조선 사업이 고도로 발전한 시기로 수많은 신형 선박과 대형 원양 선박들이 제조되었다. 관청뿐만 아니라 민간에서도 용도, 모양, 설비의 차이에 따라 여러 가지 새로운 형태의 선박을 제조했다.

**복선**

1974년 복건성 천주만에서 송대 선박 한 척이 발굴되었다. 배는 밑이 뾰족하고 선체가 납작하고 넓었으며 뱃머리는 뾰족하고 배 뒤끝이 사각형인 형태였다. 삿대인 '외(桅)'가 많았으며 선체는 3중 목판으로 13개의 방수 구획인 격리창이 있어 대단히 무거웠다. 복원된 고선의 길이는 약 35m, 넓이는 약 10m이며, 배수량은 약 370여 톤이다. 지금 천주 해외 교통사 박물관에 진열되어 있다.

고선과 함께 출토된 문물은 대단히 많다. 당·송 시대의 동철전(銅鐵

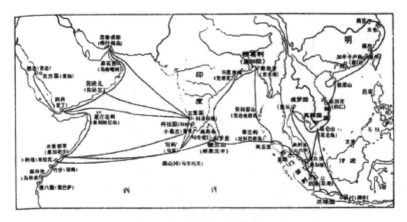

정화 함대의 항해도

錢), 귀중약품, 송대의 도자기, 과일씨 등이 있다. 고선과 이런 문물들
은 송대 조선 사업의 성과 및 해외 교통 무역의 번성을 설명해 주는 것
이며, 복건 지역이 당시 조선공업의 중심지라는 것도 증명한다. 고선은
송대 이후 강가나 바닷가에서 사용되던 4대 선형(船形)[11] 가운데 하나인
'복선(福船)'이었다.

　1405년 이후 명나라의 정화(鄭和, 1371~1433)[12]가 7차례에 걸쳐 동
남아, 인도양으로 항해했다. 그는 동남아시아 지역을 거쳐 아프리카의
동해안까지 이르렀다. 이는 콜럼버스가 아메리카를 발견한 시대보다

11 4대 선형: 복선(福船), 조선(鳥船), 사선(沙船), 보선(寶船)을 일컫는다.

12 정화: 중국 명나라의 환관. 대함대를 이끌고 인도, 페르시아, 아프리카, 아라비아 등지에 1405
　년부터 1433년까지 28년간 7회에 걸쳐 대항해를 하여 국위를 해외에 떨쳤다. 이후 동남아시
　아 지역에서 화교사회를 구축하는 데 커다란 영향을 끼쳤다. 정화의 항해는『정화항해도』,『영
　애승람』,『성사승람』,『서양번국지』 등으로 저술되었고, 중서 교통사에 커다란 공헌을 했다.

약 1세기가량 앞섰다. 정화가 이끈 함대는 62척의 대선단으로 편성되었다. 그중 큰 배는 길이가 44장(丈), 넓이가 18장으로 모두 2만 7,800여 명을 태울 수 있었다. 여기에는 군인, 번역사, 수학자, 의사와 기술자 등도 포함되어 있다. 또한 62척의 선박은 각기 이름과 편호(編號)를 가지고 있었다. 이는 중국 역사상 기록된 최대의 선박과 가장 조직적이었던 선단이었다.

윤선(輪船)도 중국 역사상 기록이 매우 빠르다. 당나라 태종(627~649) 때 조왕(曹王)이 설계한 전함은 인력으로 밟아서 돌리는 양옆 두 개의 바퀴에서 물을 뿜으면서 돌진했다.

『송사(宋史)』「악비[13]전(岳飛傳)」과 송대의 오자목(吳自牧)이 저술한 『몽양록(夢梁錄)』[14]에도 바퀴를 돌려서 배를 전진시켰다는 기록이 있다. 한세충(韓世忠, 1089~1151)[15]은 양자강 하류에서 발로 밟아서 운전하는 배를 이용해 금나라 군대를 물리쳤다. 이런 형식의 배는 청나라 말기까지 광동성 서강(西江)에 남아 있었다.

서양은 증기기계를 발명한 후부터 공업이 발전했다. 그러나 중국은 봉건 통치와 제국주의의 이중 압박 속에서 점차 서양에 뒤떨어지게 되었다.

---

13 악비(1103~1141): 남송 초기의 무장(武將), 학자, 서예가이다. 금나라 군대에 대항해 싸웠으나 진회에게 모함을 받아 죽음을 당했다.

14 『몽양록』: 오자목이 남송 수도인 임안(지금 항주)의 도시에 관해서 20권으로 산천, 도시, 풍속, 물산 등을 기록했다. 주밀의 『무림구사』와 함께 항주에 관한 중요한 기록 문헌이다.

15 한세충: 남송대의 장군으로 금나라 군대와 맞서 함께 싸웠고, 각 지방의 반란을 진압했다. 진회(秦檜)에게 모함을 받았다.

## 4. 연료와 기타 기계

중국은 4,000년 전에 벌써 '숯[炭]'을 사용할 줄 알았다. 『물원(物原)』과 『통감(通監)』의 기록에 따르면 축융(祝融)이 발명했다고 한다. 『한서(漢書)』 「지리지」에는 '예장군(豫章郡)에서 나는 돌은 불을 피울 수 있다'고 했다. 예장군은 지금의 강서성 남창(南昌) 부근으로 기원전 200년 무렵에 석탄이 발견된 지역이다. 『수경주(水經注)』[16]에도 탄광[煤井]에 대한 기록이 있다. '업현 지방 빙정(氷井)의 깊이는 15장으로 얼음과 석묵(石墨)이 매장되어 있다. 석묵으로는 글씨를 쓸 수 있었으며 연소도 된다. 이것을 석탄(石炭)이라고도 불렀다'라고 기록되어 있다. 업현은 지금의 하북성 임장(臨漳) 일대로 오늘날에도 석탄이 생산되는 지역이다. 그러나 당시에는 석탄의 채굴이 보편적이지 못했으나 송나라 이후에 보편화되었다.

송나라 육유(陸游, 1125~1210)[17]의 『노학엄필기(老學奄筆記)』에서도 '북방에는 석탄이 많다'고 했다. 원나라·명나라 이후 석탄의 사용은 더욱 보편화되었다. 『마르코폴로 여행기』[18]에는 '중국의 연료는 나무도

---

16 『수경주』: 북위 때의 학자 역도원(酈道元)이 저술한 중국의 하천지(河川志). 40권. 황하, 회하, 양자강 등 1,252개나 되는 중국 각지의 하천을 상세히 편력해 하천의 계통·유역의 연혁·도읍·경승·전설 등을 기술했다.

17 육유: 남송 때의 문장가로 뛰어난 애국 시인이다. 『검남시고』, 『위남문집』, 『노학엄필기』 등이 있다.

18 『마르코폴로 여행기』: 이탈리아인 마르코폴로(Marco Polo, 1254~1324)가 1271년부터 1295년까지 동방을 여행한 체험담을 루스티첼로가 기록한 『동방견문록』이다. 정식 명칭은 『세계의 기술(記述)』로 알려졌다.

**석탄을 채굴하는 모습**

풀도 아닌 일종의 검은 돌이다'라는 기록이 있다. 여기서 두 가지 사실을 발견할 수 있다. 하나는 석탄이 당시 중국에서 이미 보편적으로 사용되고 있었고 다른 하나는 14세기 이전의 유럽 지역에서는 아직도 석탄을 사용할 줄 몰랐다는 것이다.

    석탄을 발견한 같은 시기에 지금의 섬서성 북쪽 연장(延長)과 감숙성 주천(酒泉) 일대에서도 연소되는 '석유(石油)'를 발견했는데 당시에는 '석칠(石漆)'이라고 불렀다.

철광석 제련 광경

한나라 이후 사천에서는 소금 구덩이인 '염정(鹽井)'이 개발되면서 수시로 석유가 발견되었다. '천연가스[天然煤氣]'의 발견은 석유보다 더욱 빨랐다. 『화양국지(華陽國志)』[19]에서는 진시황 때(기원전 220년 무렵) 서부(敍府) 일대 사천에서 불구덩이인 '화정(火井)'을 발견했다. 한나라 초년에는 불길이 매우 왕성했으나 한나라 말 환제·영제 때는(160년경) 일

---

19 『화양국지』: 상거(常璩)가 12권으로 편찬한 동진 시대 서남 지방의 역사, 지리, 인물, 풍속 등을 기록한 지방지이다. 서남 지방의 역사와 소수민족 연구에 중요한 서적이다.

수력을 이용하는 수배

시적으로 미약해졌다. 그러나 촉한 때 와서 다시 왕성하게 회복되었다
고 했다. 당시 어떻게 폭발을 피하고 이용했는지 알 수 없다.

이후 명나라 말 송응성의 『천공개물』에서도 대나무관을 사용해 소
금을 쪄내는 증염(蒸鹽) 방법이 기록되어 있다. 중국은 늦어도 1600년
이전에 이미 천연가스의 폭발을 알고 있었으며 이것을 연료로 사용했
다. 이는 영국인이 1668년에야 비로소 가스를 이용해 불을 피운 사실
보다 약 1세기나 앞섰다.

**풍상을 이용하는 야금작업장**

중국인은 기계 방면에서도 우수한 발명이 많았다. 한나라 광무제 (25~57) 때 두시(杜詩)는 제련할 때 숯에 바람을 불어넣는 풀무인 '수배 (水排)'를 만들었다. 수배는 물을 이용해 수륜을 움직인다. 그리고 수륜 의 원주운동을 크랭크를 이용해 왕복운동으로 바꿔 바람통인 풍상에 전달하는 것이다.

기리고차

　당시의 수배는 매우 간단한 하나의 상자였다. 상자 밑에 구멍을 뚫어 놓고 상자 덮개를 열고 닫아서 바람을 일으키는 원리였다. 수배는 후에 또 개량을 거쳐 풍상으로 발전했다. 후에 중국 농촌과 도시의 작업장에서 보편적으로 이용된 풀무가 어느 때 발명되었는지는 확실히 알 수 없다. 다만 명나라 말기의 『천공개물』에 명확한 설명이 있다.

　1600년 무렵에는 풀무가 이미 철을 녹이는 야금작업에서 바람을 일으키는 매우 중요한 기구였음을 알 수 있다. 풀무와 같은 작용을 하는 기구는 몽골, 감숙, 신강 일대에서 보편적으로 사용되었던 '비(鞴)'가 있었다. 이는 고대 유목 민족의 발명품이다.

또한 물을 대는 펌프인 '즉통(唧筒)'이 있었다. 이는 중국에서 1060년 이전에 발명되었던 것이다. 『동파지림(東坡志林)』에서는 사천성의 염정(鹽井)에서 즉통을 이용해 물을 대었다는 기록이 있다.

기원 전후에 장안의 정완(丁緩)은 '7륜풍선(七輪風扇)'을 발명했다. 400년 무렵에는 '기리고차(記里鼓車)'가 발명되었다.

중국인들은 역사상 수많은 기계를 창조했다. 천재적 발명품인 지남차, 기리고차, 혼천의 등은 이미 사라졌지만, 그 정신은 중국 역사 속에 남아 있다.

제9장

건축

$\bullet$ $\bullet$ $\bullet$

건축은 그 나라의 문화적 전통을 가장 뚜렷하고도 구체적으로 반영한다. 세계 각국의 고문화는 모두 역사의 흔적 속에서 이루어졌고, 유구한 중국문화도 마찬가지이다. 특히 중국의 건축은 독특한 하나의 체계를 이루었다. 세계적으로 중국의 만리장성(萬里長城)과 같은 웅장한 건축물을 갖추고 있는 나라도 드물다. 또한 몇백 년의 세월이 지난 고건축을 완벽하게 보존하고 있는 나라도 별로 없다. 매우 아름다운 아치, 숭고한 불탑, 조용한 정원, 정교한 다리, 웅장한 궁전 등 중국만큼 다양한 건축양식을 갖추고 있는 나라도 적다. 고대 중국의 건축은 기후와 물과 토질의 차이로 인해 오래전부터 남북 두 계통으로 나뉘어져 왔다. 화북 지역은 토지층이 두껍고 토질이 단단하다. 따라서 고대의 동굴 생활에서 점차 토석, 벽돌을 사용하는 건축양식으로 변해 갔다. 양자강 유역은 토지의 형세가 낮고 습기가 많기 때문에 원시의 주민들은 대부분 나무 위에서 거주하면서 목조, 건축 체계로 변했다.

지금 남아 있는 옛 건축물로는 화북 지역에 성벽, 돌다리인 석교, 벽돌로 된 전탑, 무량전 등이 있다. 그리고 양자강 지역에는 궁전, 묘당, 사원 등이 있다. 그러나 남방 지방은 습기가 많고 흰개미의 피해가 많았으므로 남아 있는 고대의 목구조 건축물이 적다.

서양 고대의 건축 재료는 대부분이 벽돌이다. 중국처럼 나무를 광범

위하게 이용한 건축물은 세계적으로 드물다. 따라서 나무로 만든 건축 구조는 중국인의 독특한 발명이라 할 수 있다.

일반적으로 목건축 구조는 먼저 땅 위에 단단한 기초를 다진 후에 초석을 세운다. 그다음 초석 위에 나무 기둥을 세우고 대들보를 얹는다. 대들보를 세우는 것은 목건축에서 가장 중요한 공사로 서양 건축에서 흙을 파내고 기초를 세우는 것처럼 중요한 의미를 가지고 있다. 옛날에는 대들보를 세울 때[上梁]에는 모두 길일(吉日)을 골라서 했으며, 또한 성대한 의식을 거행했다. 대들보와 대들보 중간을 방(枋)으로 연결하고 그 위에 지붕을 받치고 있는 횡목인 가름(架檁)을 세웠다. 그리고 가름 위에 서까래인 안연(安椽)을 세워 하나의 받침대를 만들어 건물 윗부분의 옥상과 기와의 무게를 지탱하게 했다. 벽은 단지 간격의 용도로 만들어졌다. 기둥과 기둥 사이에는 실제로 쓰임에 따른 창문을 만들어서 창문의 여닫음이 자유롭게 했다. 그리고 이러한 주요 받침대[骨架]의 사면을 개방하면 시원한 정자를 만들 수 있었으며, 반대로 사면을 봉하면 창고로 만들어 사용할 수 있었다. 일반적으로 건물의 넓은 방, 창문, 벽, 내부 간격은 모두 수요에 따라 변화시키고 설계할 수 있다. 이것은 철골과 콘크리트로 만든 현대의 건축과 비슷한 점이 있다. 중국의 이런 건축은 서양의 벽돌 건축에서는 비교적 어려운 문제인 창문의 여닫는 문제를 해결했다.

이런 구조의 기본 원칙은 적어도 1,400~1,500년 전에 형성되었다. 『시경』, 『역경』 등에 서술된 고대 건물은 바로 이런 건축의 원시적인 형식이다. 안양(安陽)에서 발굴된 은허(殷墟)의 옛터에서도 기둥 초석의 흔적이 보인다.

이런 목구조 방법은 3,000여 년 이래 계속 발전하고 있다. 지금까지 중국과 긴밀한 관계를 맺고 있는 각 민족과 지역에서도 이와 같은 구조의 건물이 남아 있다.

사람들이 훌륭하다고 칭송하는 고대 건축가는 기원전 7~기원전 6세기의 노반(魯班)이다. 그는 건물, 다리, 마차나 수레를 만드는 데 조예가 깊었을 뿐만 아니라 일용 도구 및 목공 기구도 만들었다. 따라서 훌륭한 장인인 '교장(巧匠)'으로 존경을 받았으며 목공의 시조로 불린다. 1949년 이전 북경에 목기 전문거리인 '노반관(魯班館)'이 있었고, 현재 상해에도 '노반로(魯班路)'라는 길이 있다. 이처럼 그의 창조와 발명은 중국 목구조 건축 과학에 깊은 영향을 미치고 있으며 일반생활과 긴밀한 관계를 유지하고 있다.

목구조 건축에서 가로로 된 대들보와 세로로 된 기둥의 연결점 문제를 해결하기 위해 중국인들은 기둥 위에 받쳐진 들보나 마룻대를 괴는 목재인 '두공(斗拱)'을 발명했다. '공(拱)'은 기둥의 꼭대기에 층층이 쌓은 짧은 활모양의 아름드리나무를 말한다. '두(斗)'는 두 개 층의 공(拱) 사이에 있는 모말 형태의 네모난 나무를 말한다. 이들을 합쳐서 '이'라고 부른다. 이것은 가로 대들보와 세로 기둥 사이를 이어주는 중간 부분이다. 이는 건물 윗부분의 중량이 고르게 미치도록 분배해 주는 역할을 한다.

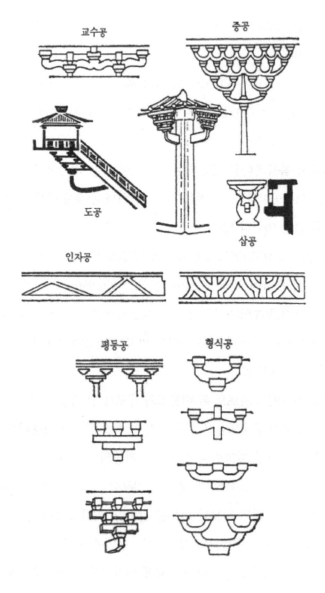

여러 형태의 두공

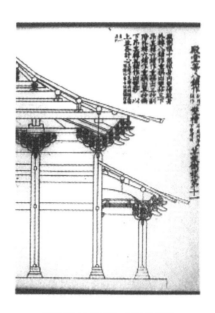

「영조법식」에 있는 두공의 구조

　건축의 발전 중에서 이런 두공의 구조 변화가 가장 컸고, 만드는 법
또한 정교했다. 초기에는 매우 간단해 네모난 형태의 나무와 전후좌우
로 늘어져 있는 팔 모양의 횡목만 만들었다. 그 후에 대들보와 기둥의
버팀을 오래 유지하기 위해, 또한 처마를 더욱 길게 늘림으로써 담벽을
보호하기도 했다. 그러나 처마가 너무 길면 실내의 광선에 영향을 미칠
수 있었으므로 4각의 네 귀퉁이를 들어 올리는 처마가 나타났다. 적어
도 기원전 6세기에 두공은 이미 궁전 등 대형 건축에서 필수적으로 사
용되었다.

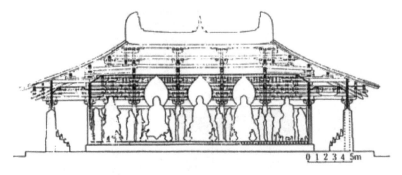

**불광사 대전**

『맹자(孟子)』[1]에 '최제수척(榱題數尺)'이라는 말이 있다. 이것은 두공이 처마 밖으로 늘어진 것을 묘사한 것이다. 한나라 때 돌로 만든 석궐(石闕)과 마묘석각(磨墓石刻)의 목구조 부분은 모두 두공의 존재와 중요성을 나타낸 것이다. 당나라 이전 두공은 표준화된 비례 척도가 있었다. 이런 규격은 송나라의 위대한 건축사 이계(李誡, 1061?~1110)[2]가 쓴 『영조법식(營造法式)』에 상세히 설명되어 있다.

비록 목구조 건물은 오랫동안 유지하는 것이 힘들지만 국내 각지에 500년 이상 보존된 것이 아직도 많이 있으며, 700년 이상된 것도 30~40군데가 있다. 1000년 무렵의 돈황석굴의 처마 이외에도, 오태현(五台縣)에 있는 당나라의 불광사(佛光寺) 대전(大殿)과 천진 계현(薊縣) 독

1 『맹자』: 전국 시대의 유교사상가 교육가인 맹자(기원전 372~기원전 289)가 자신의 제자와 다른 사상가들과 논쟁한 것을 기록한 어록이다. 맹자는 성선설(性善說)을 주장했고, 사람의 본성은 인·의·예·지이며, 정치에서 인정(人政)을 주장했다.

2 이계: 북송 때의 건축가이다. 36권 357편 3,555조로 구성된 『영조법식』을 지었다. 이외에 『속산해경』, 『속동성명록』, 『비파록』 등이 있었다고 하나 전해지지 않는다.

독락사 산문

독락사 관음각

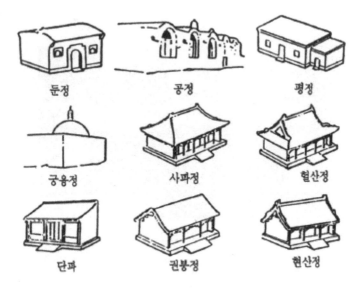

둔정     공정     평정

궁융정     사파정     혈산정

단파     권붕정     현산정

**지붕의 여러 형태**

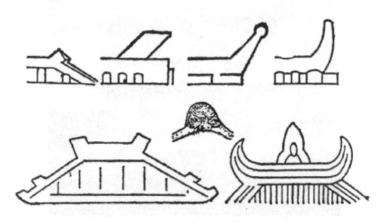

**원시 치미와 용마루의 형태**

**남선사 대전**

락사(獨樂寺)의 산문(山門) 및 관음각(觀音閣) 등이 있다. 이들의 건축은 세계에서 가장 완전하게 보존되고 가장 오래된 목구조의 전당이다. 불광사 대전은 산서성 오태현 두촌진(竇村鎭)에 있는데 당나라 말 857년에 다시 만들어진 것이다. 대전은 단층으로 동서향이며, 정면의 넓이는 7칸[間]이고, 높이는 4칸이다. 기둥 위에 있는 두공이 매우 크다는 것은 그 구조의 기능이 중요함을 나타내고 있다. 밖에 있는 처마는 매우 길고 높이 들려 있고, 내부에 있는 대들보는 매우 특수하게 만들어졌다. 이러한 대전은 산비탈 높은 토대 위에 우뚝 솟아 있다. 그리고 중국 건축의 특징을 충분히 보여주면서 1,100여 년 동안 파괴되지 않았다. 동시에 이 건물은 당나라의 각종 예술의 정수를 보존하고 있는 정말로 보기 드문 보물이다.

오태현 서남쪽에는 남선사(南禪寺) 대전이 있다. 대들보에 씌어진 기록에 따르면 당나라 때인 782년에 다시 만들었다. 이는 불교 사찰을 전부 허물어 버린 '회창멸법(會昌滅法)'의 화를 당해 재건된 것이다. 건물은 정면 넓이와 높이가 각각 3칸으로 구조가 간결하고 고풍스러우며 소박해 당나라의 전형적인 건물의 형태를 보여준다. 일본의 나라(奈良)에 있는 당초제사(唐招提寺)는 감진(鑑眞)이라는 스님이 지은 것이다. 그 단층 처마는 팔작지붕인 헐산식 지붕으로 옥정(屋頂)과 옥척(屋脊), 치와 미맹 등으로 구성되었다. 대전 앞면은 넓은 처마[月台], 집처마를 받치고 있는 웅장한 두공 등은 모두 남선사 대전과 비슷하지만 그 앞면의 넓이가 5칸이다.

양주(揚州) 대명사(大明寺)에 있는 감진기념당(鑑眞紀念堂)은 1963년에 이미 작고한 유명한 건축학자 양은성(梁恩成)이 참여해 만들었다. 이는 그 격식이나 모양으로 보아 바로 남선사 대전 및 당초 제사를 모방해 지은 것이다.

10세기 이후에는 목구조의 불전 건축이 점차 많아졌다. 현존하는 가장 중요한 것은 천진 계현 독락사의 산문 및 관음각이다.

이것은 원래 당나라 때 지었으나 요나라 때 984년에 다시 만들어진 중국 고대 목구조 건물의 대표 작품이라고 말할 수 있다. 산문의 지붕은 다섯 개의 용마루와 네 개의 구비 형태이며, 처마는 완만한 곡선형으로 길게 하여 마치 날아가는 날개처럼 했다.

관음각은 웅장한 3층의 큰 비각으로 중간층은 암층이며 높이가

천장의 형태

23m이다. 기둥과 대들보의 연결 부분에는 24종의 기능이 서로 다른 두공을 사용했는데 이러한 건축 방법은 매우 훌륭하다.

관음각 안에는 관음입상이 있다. 관음입상 머리 위에는 10개의 작은 불두가 있으므로 '11면 관음'이라고도 불린다. 입상의 높이는 16m인데 중국에서 진흙으로 만든 가장 큰 불상이다. 관음각은 이 소상을 둘러싸기 위해 건조된 것으로 중간에는 '정(井)'이 있다. 기단 하층은 소상의 무릎까지 도달하며 상층은 가슴에 닿아 있다. 머리 위에 있는 화관(꽃모자)은 관음각 정상의 천장인 팔각형 조정에 닿아 있다. 관음각의 구조는 복잡하지만 두공이 정교하며, 들린 처마도 아름답고 엄숙하다. 여러 차례의 지진을 겪고도 아직 아무런 손상이 없다.

하북성 정정현(正定縣) 흥륭사(興隆寺)에 있는 마니전(摩尼殿)은 북송 1052년에 건축했다. 앞 면적과 높이가 각각 7칸으로 평면이 십자형이다. 그리고 사각형 건축의 중심 쪽 4곳에 각각 돌출된 '포하'(抱廈: 뒷방, 안채 뒤에 덧붙여 만든 방)를 만들었다. 따라서 건물의 형체를 다양하게 변화시킬 수 있으므로 외관도 아름답다. 대전 안의 대들보 구조는 모두 『영조법식』에 묘사된 것과 같다. 이러한 형태의 송대 건물로는 현존하

산서성 응현목탑과 단면도

는 유일한 것이다.

그 밖에 산서성 대동현(大同縣)의 화암사(華岩寺)에는 장경전(藏經殿)이
있다. 그 전 안의 삼면에는 경서를 저장하는 나무 장롱이 설치되어 있
다. 그 위에는 소형 처마 구조가 있는 특이한 11세기의 건물이다.

또한 대동성(大同城) 안에 12세기의 대전인 선화사(善化寺) 정전(正殿)
이 있는데 매우 웅장하다. 산동 곡부(曲阜)의 공묘(孔廟)는 묘우(廟宇) 건
물과 동일한 건물군으로 그중 대부분은 12세기에 수리해 만든 것이다.
그 밖에 산서 홍동현(洪洞縣)에 있는 광승사(廣勝寺, 14세기)와 북경의 지

화사(智化寺, 15세기) 또한 모두 훌륭한 건축이다.

특히 산서성 응현(應縣)에 있는 불궁사(佛宮寺)의 탑은 성공적인 목구조 건물 중 하나이다. 정식 호칭은 석가탑(釋迦塔)이며, 요나라 1056년에 만든 것이다. 이 탑의 평면은 팔각형으로 외관은 5층이지만 내부에는 4층의 암층이 섞여 있다. 따라서 실제로는 9층으로 높이가 67.13m이고, 아래층의 지름은 30m이다.

이 탑은 높이가 4m인 이층의 초석 위에 만들어져 있다. 내외 양쪽의 기둥들은 이층식 구조로 구성되었다. 기둥의 꼭대기와 다리는 방과 보 등의 구조가 서로 연결되어 있다. 복잡한 여러 층의 문제를 해결하기 위해 이 건물은 50여 종의 서로 다른 두공을 조합해 운용했다.

원래 당나라 이전의 불탑은 대부분 목구조로 평면 사각형인 중국 고유의 다층 건물이다. 그러나 지붕 꼭대기는 인도식의 불사리를 안치하는 나무나 돌로 만든 오층탑 형식인 '솔도파(窣堵坡)'를 안치했다. 그러나 향을 피우는 사람들이 많아 간간이 불이 나서 건물이 타는 경우가 있었으므로 후대에는 대부분 벽돌로 탑을 만들었다.

지금 남아 있는 응현의 불궁사 목탑은 유일한 목탑일 뿐만 아니라 세계에서 현존하는 가장 오래되고 가장 높은 목구조 탑의 형태이다. 이 탑은 만들어진 지 200여 년 후 원나라 순제(1333~1367) 때 7일 동안 큰 지진이 발생했으나 다행히 피해를 입지 않았다. 응현의 성 밖 10여 리 되는 곳에 목탑이 우뚝 솟아 있는데 목탑 위의 명나라 때 현판에는 '귀부신공(鬼斧神工)'이라고 씌어 있다.

**궐의 형태**

　역사적으로 노반 이외에 10세기 말의 유호(喩皓)[3]도 성공한 건축사
라 할 수 있다. 그는 목탑과 다층 건물을 설계하고 건조했다. 그가 자기
의 경험을 총집결해 세 권의 『목경(木經)』을 저술했지만 애석하게도 송
나라 이후 없어져 버렸다. 유호는 하남성 개봉의 개보사(開寶寺) 목탑을
매우 과학적으로 모형을 만든 다음에 시공했다. 그는 탑신을 조금 서북
쪽으로 기울어지게 해 그곳의 풍향에 저항하도록 했다. 그는 '이 탑은
바람을 100년 동안 맞아야 바르게 서게 될 것이다. 그리고 700년 동안
이 탑은 붕괴되지 않는다'라고 말했다. 그러나 애석하게도 개봉 지역이
여러 번 수해를 입어 수많은 고대 건축이 손상되었고, 이 목탑도 현재
흔적조차 없어져 버렸다. 중국은 목구조 건축뿐만 아니라 벽돌 건축에
서도 유구한 역사 및 우수한 과학적 창조와 성과를 가지고 있다. 한나라

---

3 유호: 북송 때의 건축가로 탑을 잘 만들었다.

**사천성 아안의 고이묘궐**

때의 '석궐(石闕)', '석사(石祠)'는 고대의 돌로 만든 건물의 전형적인 형태이다. 이것은 돌로 만들어졌지만 모두 목구조 건축양식을 모방한 것으로 당시의 목구조 건축양식을 보여 주고 있다. 지금 잘 보존되어 있는 가장 정교한 석궐은 사천성 아안(雅安)의 고이묘궐(高頤墓闕)과 금양(錦陽)의 한(漢) 석궐로 모두 진기한 건축 걸작이다.

산동성 가상현(嘉鮮賊)과 비성현(肥城縣)에도 한나라 때 묘 앞의 석실 (石室)이 여러 개 남아 있어 사람들에게 고대 건축에 관한 자료를 적지 않게 제공하고 있다.

다음으로 만리장성(萬里長城)에 관해 살펴보자. 만리장성은 중국의 토석 구조 건축의 대표 작품이며, 세계적인 건물 중의 하나이다. 기원전 7세기 전후 춘추 시대의 각 제후국은 서로 자기 나라를 방어하기 위해 모두 장성을 건축하고 있었다. 4세기 전후에 이르러 연(燕), 조(趙), 진(秦), 위(魏), 한(韓) 등 각국은 북방 유목 민족의 침입을 막으려고 각자 장성을 만들었다. 기원전 221년에 진시황은 중국을 통일한 후 각국의 장성을 연결하거나 연장했다. 10여 년 동안 30여만 명의 인력을 동원해 서쪽은 감숙 임조(臨洮)에서부터 동쪽으로 요동까지 몇천 리 길게 이어지는 장성을 만들었다. 진(秦) 이후 한(漢), 진(晉), 북조(北朝), 수(隋), 당(唐)나라를 지나면서 장성은 계속 만들어졌다. 한나라 때는 진나라의 장성을 다시 고치는 것 외에도 무제(武帝)는 내몽골 하투남(河套南)의 '삭방장성(朔方長城)'과 양주(涼州)의 '서단장성(西段長城)'을 만들었다.

진나라의 장성은 대부분 서북쪽 곳곳에 산재해 있다. 대체로 흙으로 만들었는데 한나라는 이를 개조해 흙 기초 위에 갈대로 한층 덮고 다져서 장벽을 더욱 견고하게 했다. 진나라·한나라 시대의 장성 옛터는 서북 지방 곳곳에서 찾아볼 수 있다. 옛터 근처에서는 항상 한나라 시대의 문물이 출토된다. 근년 이래 감숙성 거연(居延)에서 수많은 한나라 시대 대나무 조각에 쓴 글씨 다발[竹簡]을 발견했는데 매우 가치 있는 역사 문물이다.

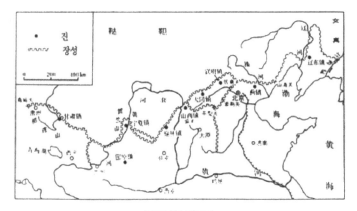

만리장성 분포도

만리장성

만리장성의 서쪽 끝인 가욕관(왼쪽)과 동쪽 끝인 산해관

장성은 언제나 중국 북방의 방어선이 되었으나, 요·금·원나라 때 심하게 파괴되었다. 그러나 명나라 때 다시 벽돌로 장성을 상당히 크게 축조했다. 현재 남아 있는 장성은 대개 명나라 때 만들어진 것이다. 명나라 건국 후 몽골족이 다시는 남하하지 못하게 하고 점차 강성해지는 동북의 여진족을 방어하기 위해 1386년부터 1536년 사이에 10여 차례 장성을 수축했다. 방어의 기능을 강화하기 위해 과거에 흙으로 쌓아 만들던 벽을 벽돌로 바꾸고, 벽 몸체의 외부는 정제된 벽돌로 수축했다. 하부에는 돌 기반으로 쌓고 그 위를 벽돌로 된 담장으로 마차길을 만들었다. 벽체 안에는 흩어져 있는 돌과 황토로 메웠다.

담장 꼭대기 바닥에는 네모난 벽돌을 깔았다. 안쪽에는 '우장(宇墻)', 바깥쪽에는 '타장(垜墻)'을 설치했다. 타장 위에 '타구(垜口: 담 꼭대기에 네모난 모양으로 뚫어 놓은 곳)'가 있다. 그 아래에 '사동(射洞: 발사구)'을 설치해 감시하거나 무기를 발사하는 데 편리하도록 구성했다. 그리고 장성을 따라 많은 봉화대(烽火臺)도 설치되었다.

지금의 장성은 서쪽은 감숙성 가욕관(嘉峪關)에서부터 동쪽으로는 하북성 산해관(山海關)까지 이르고 있으며 감숙, 영하, 섬서, 산서, 내몽골, 북경, 하북 등 7개 성, 자치구에 걸쳐 있다. 총길이가 약 6,700km나 되는 매우 방대한 공사였다. 장성은 사막, 초원, 산맥 등을 지나 발해의 연안에까지 이른다. 장성을 만드는 데 사용된 흙과 돌담은 높이가 3m, 넓이 1m의 지구를 한 바퀴 돌 수 있다.

중국 고대의 벽돌 건축을 가장 풍부하게 표현한 것은 탑이다. 탑은 불교와 함께 중국으로 전래된 것으로 옛날에는 '부도(浮屠)'라고도 칭했다. 중국 역대의 건축사들은 인도, 서역 등 여러 나라 불교 건물의 예술적인 특색을 흡수해 뛰어난 구상과 정밀한 설계를 했다. 또한 전통적인 고층 목구조 건물의 특색을 결합해 동방적인 색채를 가진 중국식 보탑(寶塔)을 창출했다.

중국 곳곳에 널리 퍼져 있는 벽돌탑은 다음과 같이 세 가지 유형으로 나눌 수 있다.

(1) 벽돌탑은 완전히 원시적인 목구조 형식의 탑과 건물을 모방한 것이다. 전형적인 것으로는 섬서성 서안의 대안탑(大雁塔)이다. 이것은 당나라 때의 스님 현장(玄奘, 602?~664)[4]이 652년에 인도에서 가지고 돌아

---

4 현장: 당대의 고승으로 10세에 낙양 정토사(淨土寺)에 들어갔으며, 13세에 승적에 올랐다. 중국 중북부의 여러 도시를 여행하며 불교 연구에 진력한 후 불교 경전을 가져오기 위해 627년(일설에는 629년) 인도로 떠났다. 태종의 후원을 받아 74부 1,335권의 경전을 한역한 이외에도 인도 여행기 『대당서역기』 12권을 저술했다.

**섬서성 서안의 대안탑**

온 불경을 보관하기 위해 건축한 것이다. 50여 년이 지난 후에 탑신이
파괴되었으나 무측천(武則天, 624?~705)[5] 장안(長安) 연간에(701~704) 다
시 수축되었다. 평면은 사각형으로 높이가 7층이며 형체는 원추형이
다. 벽돌로 만들었으며 총 높이가 67m로 목구조 누각의 형식을 모방했

---

5 무측천: 당나라의 3대 황제 고종(高宗)의 황후이다. 섬서성 대재목상으로 당조 창업에 공헌한
무확의 딸로서 이름은 조(曌)이다. 미모가 뛰어나 14세 때 태종의 후궁이 되었으나 황제가 죽자
비구니가 되었고, 이후 고종의 총애를 받게 되었다. 그 후 간계를 써서 황후 왕씨를 모함해 쫓아
내고, 655년 스스로 황후가 되었다. 638년 고종이 죽자 자신의 아들 중종·예종을 차례로 즉위
시켰다가 폐위시키고, 690년에 국호를 주(周)로 개칭했다. 스스로 황제라 칭하며 중국사상 유일
한 여제(女帝)로서 약 15년간 전국을 지배했다.

절강성 항주의 육화탑

다. 각 층의 벽은 기둥과 현판으로 이루어졌다.

수나라·당나라의 탑은 대개 사각형 탑이다. 대안탑은 소박하고 단아해 당나라의 벽돌로 된 탑의 특색을 충분히 반영하고 있다. 당나라의 사각탑은 서안 흥교사(興敎寺)의 현장탑(玄奘塔), 산서성 임분현(臨汾縣) 대운사탑(大云寺塔) 그리고 강소성 고우(高郵)의 진국사탑(鎭國寺塔) 등이 있다. 이런 형식의 벽돌탑 중에서 가장 오래된 것은 절강성 천태산(天台山)의 국청사탑(國淸寺塔)이다. 수나라 598년에 건축되었으므로 수탑(隋塔)

이라고도 부른다. 이것은 육각형으로 9층이며, 높이가 60m이다.

당나라 이후는 다각형탑이 많아졌다. 벽돌로 된 탑은 항주의 육화탑 (六和塔), 소주의 북사탑(北寺塔) 등이 있다. 석탑은 복건성 천주의 쌍탑(雙塔)이 있다.

송나라의 탑은 육각형, 팔각형 등의 형식으로 나타났다. 이것은 탑의 외형을 더욱더 아름답게 변화시켰다. 또한 탑의 기반이 받는 압력과 탑신 자체가 지진과 바람에 저항할 수 있는 힘을 강화했다.

(2) 중국화된 솔도파와 빈틈없는 처마인 밀첨식(密檐式) 구성이다. 이것은 인도의 솔도파의 반구형 탑신을 사각형(수나라·당나라 때) 또는 팔각형(요나라·금나라 이후)의 목구조 형식으로 변화시킨 것이다. 전체 탑의 가장 중요한 부분은 첫째 층이다. 그 위에 각 층은 거리를 지극히 가깝게 해 기와와 처마인 와첨을 층층이 겹쳐 쌓았다. 이런 와담은 솔도파의 사찰을 대표하고 있다. 11세기 이후 화북에 이런 탑이 많이 남아 있다.

하남성 등봉현(登封縣)의 숭악사(嵩岳寺) 탑은 북위 520년에 세워졌다. 이것은 밀첨식 탑의 전형이며 또한 중국에서 현존하는 가장 오래된 벽돌탑이다. 이 탑의 평면은 십이각형으로 15층이다. 불탑 중에서도 이런 두 자리 숫자의 불탑은 특수하다. 약 41m 높이의 이 탑은 밑바닥 지름이 약 10m이며, 탑신의 모서리는 각진 기둥으로 만들어졌다. 따라서 15층의 밀담은 점차 위로 올라가면서 꽉 죄게 되어 있어 외형이 중후하고 우아한 멋을 지니고 있다. 이것은 과학과 예술이 잘 조화된 아름다

**하남성 등봉의 숭악사 탑**

움으로 1,400년의 세월이 지났음에도 여전히 남아 있다.

또 다른 탑으로 섬서성 서안의 천복사(荐福寺) 소안탑(小雁塔)은 당나라 707년에 만들어졌다. 이것은 사각형 모양으로 밑바닥 각 변의 길이가 11m이다. 원래는 15층이었으나 지금은 13층만이 남아 있다. 높이가 약 43m로 제2층부터 점차로 좁아지며 층마다 벽돌로 처마를 쌓았

섬서성 서안의 소안탑

다. 소안탑은 1487년 장안 대지진 당시 탑 꼭대기부터 밑바닥까지 약
1척 넓이의 틈이 벌어졌었다.

　그리고 1521년에 장안에 다시 지진이 발생했다. 그러나 소안탑은
신기하게도 벌어졌던 틈이 원래대로 합쳐졌다. 그 후 1556년 장안에
또다시 일어난 대지진으로 탑의 꼭대기가 붕괴되었지만 탑 전체는 당
나라 때의 풍모를 그대로 간직하고 있다. 소안탑은 밀담 벽돌탑 형식으
로 고대 건물 중에서도 뛰어난 작품이다. 이외에도 북경의 천녕사탑(天
寧寺塔), 하북성 이현(易縣)의 형가탑(荊軻塔), 요령성 요양(遼陽)의 백탑(白

**북경 묘응사 백탑**

塔: 높이 70여m), 성도(成都)의 보광사(寶光寺) 등은 모두 밀담식으로 아직도 각 지방에 많이 분포되어 있다.

(3) 벽돌탑은 인도의 솔도파와 매우 비슷하다. 13세기 후에 서장(西藏)의 라마교를 따라 전래되었으므로 라마탑이라고도 불렀다. 북경의 묘응사(妙應寺) 백탑(白塔)은 현존하는 가장 오래된 탑으로 원나라 1281년에 만들어졌다.

하북성 조현의 조주교

밑바닥 면적이 1,400여m²로 기단 위에는 커다란 탑신을 지탱해 주는 이중의 수미좌(須彌座)가 있다. 탑 높이는 약 70m로 당시 네팔의 공예전문가 아니가가 참여해 설계하고 건축한 것이다. 이 밖에 가장 큰 라마탑은 서장 강자현(江孜縣)의 백거사(白居寺) 보제탑(菩提塔: 명나라 때 수축)이다. 그 후 청나라 때 이르러 북해 경화도(瓊華島)에도 백탑을 만들었다. 건륭제가 강남으로 내려가 양주(揚州) 수서호(瘦西湖)에 건축한 백탑도 기본적으로는 묘응사의 백탑과 같은 형식이다.

중국은 세계적으로 옛날 탑이 가장 많은 나라 중의 하나이다. 중국의 탑은 건축 구조의 특징과 중화 문화 예술의 특색을 가지고 있고, 세계 건축사에서 독특한 형태를 만들었다. 동시에 중국의 탑은 일반적으로 고층으로 높이가 20여m부터 80여m까지 이른다.

하북성 정현(定縣)의 개원사(開元寺) 탑은 높이가 84m로 가장 높은 벽돌탑인데 북송 시대 1001년부터 1005년에 걸쳐 건축되었다. 현대화된 건축 기구와 기계도 없는 상황에서 인력으로만 만들어진 것이다. 높이가 현재 7~8층 또는 30층의 건물과 비슷한 고도의 탑을 세웠다는 것은 불가사의한 일이다. 그러나 아직까지 축조 기술을 명확하게 밝혀내지 못하고 있다.

중국에는 무성한 숲과 산맥과 명승지에 수많은 탑들이 있고 강과 하천에는 수많은 다리가 놓여 있다. 『시경』의 「대아」 편에는 배를 다리로 삼는다라는 '조주위량(造舟爲梁)'이라는 말이 있다. 이는 3,000년 전에도 이미 부교(浮橋)가 있었음을 알 수 있고, 부교가 다리의 기원이라고 할 수 있다.

공정 기술 면에서는 조주교(趙州橋)를 들 수 있다. 민간의 소방우(小放牛)라는 노래 속에도 조주교에 대한 예찬이 있다. 하북성 조현(趙縣)의 안제교(安濟橋)나 조주교는 일반적으로 대석교(大石橋)라고 불린다. 이 다리는 효하(洨河) 위에 가로놓여 있는데 길이는 50m이며, 구멍이 하나 있는 아치 형태의 단공석공교(單孔石洪橋)의 전형이다. 이것은 수나라 때 건조되었다.

당나라 『석교명서(石橋銘序)』에는 이 위대한 공정을 완성한 사람은 그때의 천재적인 기술자인 이춘(李春)이라고 기록했다. 조주교의 길이는 37m이다. 그 폭의 간격은 크고 표주박 형태인 호형으로 평평한 상판인 대권과 양끝에 각각 두 개씩 작은 소권을 설치했다. 이것은 다리

북경 노구교

자체의 무게를 덜어주고 홍수 때 물이 잘 흐르게 해줄 뿐만 아니라 다리의 정교한 멋을 더해 준다. 역대 사람들은 이춘의 이러한 뛰어난 공헌에 대해서 탄복했고 공정이 훌륭하게 완성된 것에 대해 칭찬을 아끼지 않았다. 동시에 석교는 실용 면에서도 뛰어났으므로 각 지방마다 대개 이 다리를 모방해 건축했다.

조현성 서쪽 청수하(淸水河)에 있는 영통교[永通橋(小石橋): 1190~1195년간 건조], 산서성 진성(晉城) 서쪽 심수하(心水河)에 있는 경덕교[景德橋(西大橋): 1189~1191년간 건조]도 그 구조와 외형은 기본적으로 조주교와 비슷하다. 이춘은 세계 첫 번째로 궁형 아치교인 공당권교(公撞券僑)를 만들었다. 이런 건조 방법은 유럽에서는 1912년에 와서야 비로소 나타났으므로 중국보다 1,300년이 늦다. 1,300여 년 이래 조주교는 수많은

248

**다리의 여러 형태**

① 목교(나무다리)　　② 독목교(외나무다리)　　③ 석판교(돌다리)

④ 석공교(돌아치교)　　⑤ 승망교(새끼줄다리)　　⑥ 마삭교(마줄다리)

⑦ 철삭교(철줄다리)　　⑧ 죽삭교　　　　　　　　⑨ 부교[배다리, 舟橋]

사람과 마차와 낙타 및 화물들의 왕래는 물론 홍수와 지진의 위험 속에서도 여전히 안전하고 견고하게 교하 위에 남아 있다.

수면이 넓은 하천에서는 구멍이 하나인 단공교가 적절하지 못했으므로 이를 극복하기 위해 구멍이 여러 개 있는 연공교(聯拱橋)를 만들어냈다. 북경 서남쪽 풍태구(豊台區) 영정하(永定河: 옛날 이름은 노구하)에 있는 노구교(盧溝橋)는 현존하는 가장 오래된 연공석교이다. 노구교는 금나라 1189년(명·청나라 때 재건)에 만들어졌고, 길이는 260여m, 넓이는 7.5m이며, 아래에는 11개의 아치 구멍인 공동(洪洞)이 있다.

공사 설계에서 여러 가지 기술이 돋보이는 조치를 채택했다. 첫째는 서로 인접한 두 개의 아치는 하나의 다리를 가지고 있어 공교 전체의 떠받치는 힘을 강하게 했다. 둘째는 뾰족하게 만든 교각을 받치는 기초대인 교돈(橋墩)의 앞부분은 물의 흐름을 나누고 얼음을 깨는 작용을 원활하게 해준다. 다리의 양측에는 돌로 만든 난간이 있는데 모양이 각기 다른 사자 485마리를 조각했다. 원나라 때 이탈리아 여행자 마르코폴로는 그의 여행 기사에서 '이것은 세계에서 가장 아름다운 유일무이한 다리'라고 예찬했다. 1937년 7월 7일에 일본 제국주의가 바로 이 다리에서 중국을 침략하는 전쟁을 일으키자 중국 군대는 항일전쟁의 횃불을 올렸다. 이 사건을 '칠칠사변' 또는 '노구교사건'이라고도 부른다. 노구교는 웅장한 옛날 다리일 뿐만 아니라 중요한 역사적 의미가 있는 기념지이다.

유명한 소주의 보대교(寶帶橋)는 당나라 때 건조되었으며 운하(運河)

를 가로지르고 있다. 길이가 370m이고 53개의 공동이 있는 연공교지만 그 구조 설계는 좀 특이하다. 특히 중간의 3개 공동은 아치 다리 형식을 채택해 조형 면에서 색다른 모습을 갖추고 있다.

물결이 급한 하류에 다리를 만든다는 것은 매우 어려웠으므로 아치 다리에 구멍이 뚫린 양식으로 고쳐 새로운 상판 양식의 다리 모양을 만들어 냈다.

복건에 있는 낙양교(洛陽橋)가 가장 유명한 상판식 돌다리인 양식석교(梁式石橋)이다. 낙양교는 천주와 혜안현(惠安縣) 경계의 남양하(南陽河) 바다 입구에 있다. 이 다리는 북송 때 채양(蔡襄, 1012~1067)[6]에 의해 건조된 것이다. 이 다리의 원래 길이는 약 1,200m였고, 넓이는 약 5m이며 46개의 다리 받침대가 있었다. 그러나 여러 번 수리해서 지금은 길이가 830여m, 넓이는 7m, 받침대가 31개 남았다.

강과 바다가 합류하는 곳의 물살은 대단히 거칠게 소용돌이치고, 용솟음치기 때문에 다리를 만들기가 어려워 여러 차례의 공사를 시도했으나 모두 실패했다. 노련한 기술자들은 새로운 방법을 창안했다. 다리 중간쯤의 물속에 돌덩어리를 대량으로 집어넣어 강 밑부분을 가로지르는 낮은 돌제방을 높이 3m 이상으로 만든 후에 교각을 만들었다. 이러한 방법은 근대에 와서 비로소 사람들에게 알려지게 되었다. 이것은 '벌형기초(筏型基礎)'라고 불리는 새로운 형태의 건축법이다. 따라서 낙

---

6 채양: 북송 때의 서예가이며, 식물학자로 낙양교를 건립했다. 낙양교는 만안교라고도 불린다. 채양은 이외에 복건 지방의 특산물인 여지에 관해 『여지보(荔枝譜)』를 저술했다.

복건성 천주의 낙양교

양교는 세계 다리 건축 과학에 커다란 공헌을 했다.

다리의 기초를 튼튼히 하기 위해 그들은 또한 다리 밑에서 대량의 굴을 양식했다. 굴의 강한 부착력 및 빠른 번식력을 이용해 다리 기초와 교각을 하나로 견고하게 결합했다. 이런 '종려고기법(種蠣固基法)'은 다리 건축사에서 가장 신기한 발명이며 생물학을 교각 공정에 응용한 새로운 창조이다.

낙양교의 교각 구조도 특색이 많이 있는데 모두 크고 기다란 돌이빨처럼 생긴 '석치아(石齒牙)' 돌로 섞어 쌓았고, 양 끝에는 '광취(光嘴)'라는 것을 만들어 물의 흐름을 조절했다. 또한 꼭대기 윗부분 두 개 층의 돌을 좌우 양측으로 늘여서 교각의 면적을 넓히고 다리면의 돌상판[石梁

강서성 노산의 관음교

板]이 걸치는 넓이를 감소시킨 것도 독특하다.

낙양교의 성공적인 건축은 이후 대규모 다리 공사에 많은 영향을 주었다. 남송 때 천주(泉州)에서 완성된 유명한 다리는 안평교(安平橋), 반강교(盤江橋) 등이 있다.

낙양교는 중국에서 만든 최초의 해항돌다리[海港大石橋]이다. 이 다리가 건조됨으로써 중국 중세기의 해외교통 사업 발전에 중요한 영향을 미쳤다. 남송 때 천주와 광주는 중국 최대의 상업 항구였다. 원나라 때 이르러 천주는 대단히 번영해 이집트의 알렉산드리아 항구와 함께 세계에서 가장 큰 무역항구로 불리었다. 다리는 물을 건너게 해주고 도로의 구실도 했으며 해외교통, 국제무역 등에서도 훌륭한 역할을 했다.

한편 옛날 돌다리인 강서 노산(盧山)의 남산 밑 서현곡(栖賢谷)에는 관음교(觀音橋)가 있다. 이 다리는 구멍이 하나인 단공으로 깊은 계곡을 가로질러 놓였으며 길이가 24m이고, 넓이는 4m이다. 두께 0.7m, 길이 약 0.9m인 화강석판 105개로 만들어졌다. 모두 7줄로 배열되어 있으며 줄마다 15개의 석판이 놓여 있다. 중간 한 줄은 큰 돌로 넓이가 약 0.72m로 되어 있고, 나머지 6줄은 넓이가 0.65m씩이다. 7줄의 석판은 구멍을 뚫어서 나무쐐기를 박아 서로 밀착시켜 놓았으므로 흙을 바르거나 붙일 필요가 전혀 없다.

이 다리 아래에 새긴 착제기(鑿題記)를 보면(38개의 큰 글자와 두 줄은 작은 글자) 관음교는 '송나라 상부(祥符) 7년(1014)에 건조된 것으로 강주(江州: 현재 九江)의 진지복(陳智福)·지왕(智汪)·지홍(智洪) 삼형제가 만들었다'고 한다. 관음교는 100m의 깊은 골짜기에 놓여 있으므로 다리 기단은 동서 벼랑에 걸쳐 있다. 다리 아래의 한양봉(漢陽峰)과 오노봉(五老峰) 사이는 물이 합류되는 급류 지역이다. 이런 절벽과 급류의 험한 지세에 다리를 설계해 공사한다는 것이 얼마나 어려운 일인지는 상상할 수 없다. 특히 105개의 화강석 석판에 진흙물을 쓰지 않고 완전히 나무쐐기인 '순(榫: 나무 끝을 구멍에 맞춰 박기 위해 가늘게 만든 부분)'을 이용해 견고한 다리를 만들었다는 것은 매우 과학적이고 뛰어난 기술이 아닐 수 없다. 서남 각 지방은 강물의 흐름이 매우 급하기 때문에 다리 기초를 섭

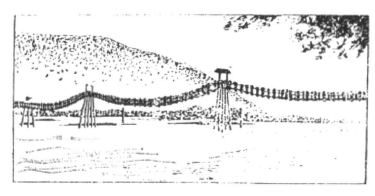

사천성 관현의 안란교(죽삭교)

게 놓을 수 없었다. 따라서 중국인들은 먼저 그 지방을 구체적으로 조사한 후에 새로운 방법으로 양쪽 언덕에 줄이나 쇠사슬 등을 매달아 놓은 다리인 삭교(索橋: 현수교)를 만들었다. 삭교는 틀림없이 인류문화에 대한 또 하나의 공헌이다.

삭교에는 쇠사슬로 만든 철삭교(鐵索橋)가 있는데 대도하(大渡河)의 철삭교가 가장 유명하다. 또한 그 지역에 있는 재료를 써서 만든 대나무 밧줄인 죽삭(竹索)도 있다. 죽삭교는 다리 자체의 무게를 줄이는 동시에 철삭처럼 무겁지 않으므로 하천 면적에 따라 길이를 조절할 수 있어 안전했다. 사천성 관현(灌縣)의 죽삭교인 안란교(安瀾橋)는 삭교 중에서도 전형적인 것으로 송나라 이전에 만들어졌다. 전체 길이가 500m, 넓이는 320여m로 민강 위를 연결해 주고 있다. 재능 있는 다리 건축가의 오랜 노력 속에서 여러 가지 독특하고 기발한 다리 건축 형식이 창출되

강소성 양주 오정교

었다. 광서성 계림(桂林)의 화교(花橋), 감숙성 위원(渭源)의 와교(臥橋), 복건성 영춘현(永春縣)의 동관교(東關橋), 양주 수서호의 오정교(五亭橋) 등은 모두 교량 등에 지붕, 난간, 정자를 건축했다. 따라서 휴식과 관람을 할 수 있는 다리의 목구조 건축은 더욱 진일보했다.

양주의 오정교는 조형 면에서도 고상하고 아름다우며 구조도 특출하다. 다리 아래 네 군데에 모두 15개의 아치가 있어 달이 밝은 밤에는 각 구멍마다 둥근 달이 보이도록 설계되어 진기한 경치를 창출했다.

중국의 성읍은 주나라 때부터 형식을 정하고 계획을 세웠다. 성지(城址)는 보통 사각형으로 성 안의 앞쪽이 조정이고, 뒤쪽이 시장인 '전조후시(前朝後市)' 형태이다. 성의 양쪽 구역은 일반 백성의 주거 구역이며 성문은 이들과 통하는 커다란 길을 가지고 있다. 전체를 여러 개 구역으로 구분해서 처음에는 리(里)라고 불렀으나 당나라 이후에는 방(坊)이라고 불렀다.

역사적으로 유명한 장안성(長安城)은 이렇게 건축된 성이다. 진시황이 6국을 멸하고 처음으로 통일된 봉건국가를 건립했을 때 그 수도 함양(咸陽)은 바로 장안 지역이었다. 한나라 고조 때(기원전 3세기 초)에 함양성의 건축이 늦어지자 장안성과 미앙궁(未央宮)을 조성해 전국적인 수도로 만들었다. 장안의 규모는 일본에까지 영향을 미쳤는데 일본의 헤이안(平安)성은 장안성을 그대로 모방해 건축한 것이다.

6세기 말 한나라 때 장안은 이미 파괴되었으나 수나라 문제인 양견(楊堅)이 다시 중국을 통일한 후에 고영(高穎)과 우문개(宇文愷) 등에게 명령해 장안 동남쪽에 새로운 대흥성(大興城)을 건축하게 했다. 우문개는 중국 고대의 유명한 건축가로서 대흥성과 낙양을 건축하고 통혜거(通惠渠)를 다시 수축했다. 그리고 장성을 수축하는 등 큰 공사를 계획했고, 성시의 녹화 및 배수 공사에도 공헌했다. 또한 비례척(比例尺, 1:100)으로 설계도를 만들어 썼다. 대흥성의 설계와 수축 등의 공정은 우문개가 책임졌고, 고영은 이름뿐이었다.

치밀한 계획과 합리적인 설계로 인력과 물자 조직을 관리함으로써 공사가 빠르게 진행되었다. 528년 6월에 공사가 시작되어 그해 12월에 기본적으로 완성되었다. 다음 해 3월에 정식으로 사용되었으니 9개월간 걸린 공사였다. 대흥성의 면적은 84km²로(청나라 때의 장안성보다 7배가 크다) 중국에서 가장 큰 도시이며, 역사적으로 가장 빠르게 만들어

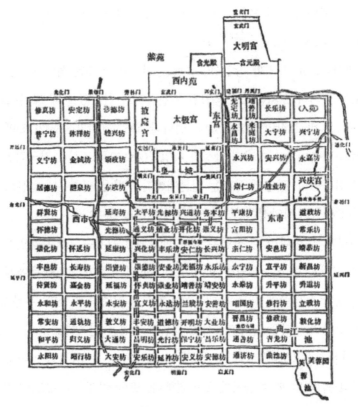

수·당나라의 장안성 배치도

진 도시이다. 대흥성은 동서 양쪽으로 대칭되게 조성된 도시였다. 리와 방의 구분을 분명하게 하여 황관, 관공서인 아서(衙署), 주택, 상가 등 모두 일정한 위치에 두었다.

성(城) 전체는 세 부분으로 나누어서 질서 정연하게 순서를 정해 건축했다. 맨 처음에 건축하는 궁성(宮城)은 성 중심의 북쪽에 지었는데 황제가 거주하고 정치하는 지역이다.

다음으로 황성[皇城(子城)]은 궁성의 남쪽 지역에 위치하는데 중앙 관서(官署) 지구이다. 마지막에 곽성[郭城(羅城)]은 궁성과 황성의 삼면으로 둘러싸여 있다. 이들 성은 모두 성벽으로 보호되었다. 곽성 안은 남북으로 큰길 14개가 개설되었고 동서로 평행하게 11개의 거리가 만들어졌다.

리와 방은 108개(또는 109개)로 나누어 사각형 방벽을 설치하고 4군데에 문을 만들어 잘 정리했으므로 교통도 편리했다. 중요한 도로는 넓이가 150~200m 이상이 되었고, 도로 양측에는 배수구를 뚫고 나무를 심었다.

남문인 명덕문(明德門)부터 황성인 주작문(朱雀門)까지 가는 큰길이 중추 도로이다. 동서 양쪽에는 2방(坊) 정도 크기의 시장이 각각 있었다. 이것은 성의 중요한 상업지구로서 상점, 수공업점 등이 집중되었다. 시내의 상점은 업종에 따라 분포되었고, 나머지 리와 방은 거주지구였다.

당나라 때의 장안성은 바로 수나라 때의 대흥성이다. 원래의 기초 위에 두 곳의 방대한 대명궁(大明宮)과 흥경궁(興慶宮) 두 곳을 확대해 건축했고 수많은 절과 유람지구를 증축했다. 그리고 곡강(曲江) 호수를 파고 조거(漕渠)를 수축해 장안성을 더욱 변화시켰다.

당나라 중기 이전 중국의 정치, 경제, 문화, 외교 등 각 방면의 발전은 봉건사회의 성세(盛世)라고 불린다. 이 당시의 장안은 전국의 정치, 경제, 문화의 중심지였고, 이웃 나라인 일본, 한국, 동남아시아, 아라비

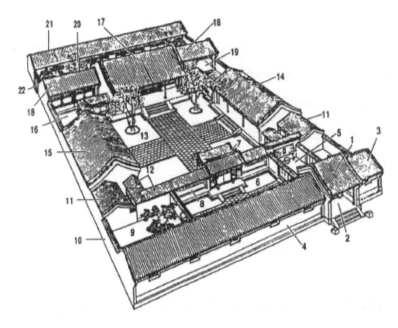

**북경의 전통적 주택 양식 사합원(四合院)**

| | | | |
|---|---|---|---|
| 1. 대문(大門) | 2. 문동(門洞, 출입구) | 3. 문방(門房) | 4. 도좌방(倒座儿) |
| 5. 외원(外院) | 6. 전원(前院) | 7. 수화문(垂花門) | 8. 전장(磚墙) |
| 9. 편원(偏院) | 10. 원장(院墙) | 11. 록정(泉頂) | 12. 회랑(回廊) |
| 13. 이원(里院) | 14. 동상방(東廂房) | 15. 서상방(西廂房) | 16. 과원(跨院) |
| 17. 정방(正房) | 18. 이방(耳房) | 19. 과도(過道) | 20.후원(后院) |
| 21. 후탁방(后罩房) | 22. 후문(后門) | | |

아 나라들과도 우호적으로 무역하는 국제도시로 변했다.

특히 도시의 계획과 설계는 반드시 여러 가지 복잡한 요소 및 조건과 연계되어 있다. 그러므로 도시는 지형, 수원(水源), 교통, 환경, 보호, 관리, 군사, 방어 그리고 문화, 교육, 경제, 건설 등뿐만 아니라 아울러 발

**중국의 전통가옥 형태**

생하는 모든 복잡한 문제들을 합리적으로 해결할 수 있어야 한다. 이것은 고도의 문화 과학 수준과 강한 경제력을 필요로 한다. 1,300여 년 전 수나라·당나라의 장안성 건조는 단지 도시나 도성 건설뿐만 아니라 중국 고대의 문화, 과학, 경제가 다방면에서 고도로 발전했음을 의미한다.

일반 서민들의 주택으로는 중국에 '일택방자(一宅房子)'라는 것이 있다. 이는 여러 종류의 주요한 집과 부속된 행랑 그리고 한 개 혹은 여러 개의 정원으로 둘러싸여 조합된 형태이다. 이것은 단독 건물을 건축한 다음에 집 안을 각각 구분하는 유럽식과는 다르다. 중국의 정원은 공간의 일부분을 건물 속에 포함했다. 이렇게 하면 사람들은 집 안에 있어도 햇빛, 공기, 화초 등 자연생활을 즐길 수 있다. 이런 건물의 장점 때문에 근래에 와서 비로소 구미 건축전문가들에게 주목을 받고 있다. 또한 안과 바깥이 일체가 되는 건축술도 나타났다.

중국에서 건축에 관한 저작 중 가장 오래된 것은 기원전 4세기의

『주례』의 「고공기(考工記)」이다. 서양에서는 로마제국 시대인 기원전 30년에서 기원후 14년 사이의 『건축론(建築論)』이 있지만 중국보다 4세기나 늦었다. 이 책은 1486년에 라틴어로 출판되었고, 1521년에는 이탈리아어로 번역된 후 점차로 유럽 각지로 보급되었다.

「고공기」 이후에 송나라 중엽에 유호(喩皓)가 쓴 『목경(木經)』도 있다. 그러나 가장 완벽한 전문적 저서는 이계(李誡)의 『영조법식(營造法式)』(1102)이다. 이 책은 2,000년간의 중국 목구조 건물 건축 경험의 총결산이라고 할 수 있다. 그는 대들보와 두공에 관한 부분을 「대목작주법(大木作做法)」에서 다루었다. 벽돌, 담, 창문 부분을 「소목작주법(小木作做法)」, 기름, 페인트 따위를 칠해서 단장하는 유식(油飾) 등을 「채화작주법(彩畵作做法)」, 기와 부분을 「와작주법(瓦作做法)」 등에서 기록했다.

『영조법식』은 세계적으로 가장 빠른 시기에 출간된 완벽한 건축학 전문 저서이다.

# 연표

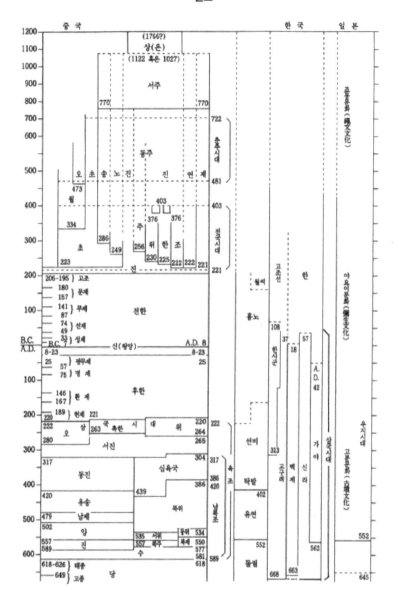

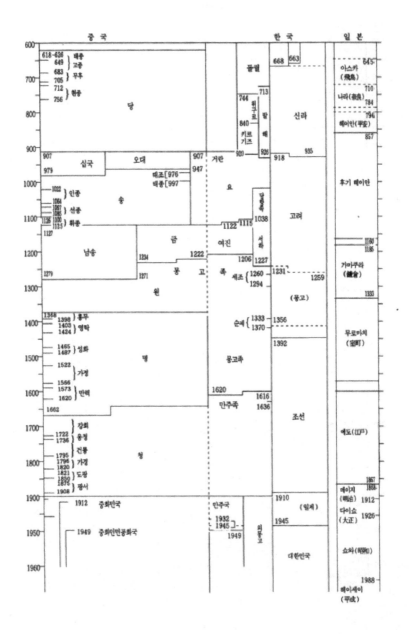

264

명나라 때(15세기)의 중국 영역

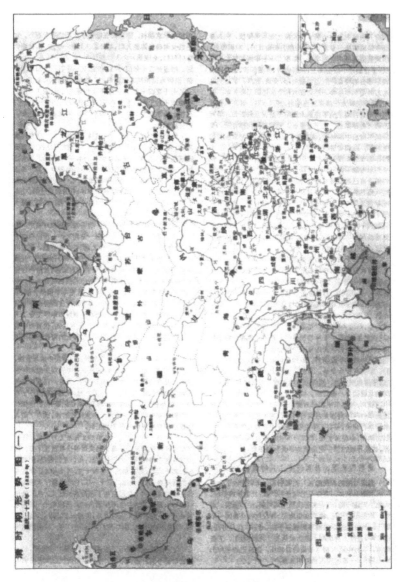

청나라 때(19세기)의 중국 영역

266